DNA

하루 한 권, 유전공학

이쿠타 사토시 지음 정혜원 옮김

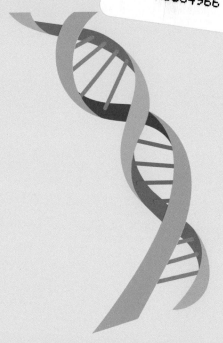

우리가 몰랐던 유전자와 생명의 신비

이쿠타 사토시

1955년 홋카이도 출생. 도쿄약과대학을 졸업하고 약학박사를 취득했다. 암 · 당뇨병 · 유전자 연구로 유명한 시티 오브 호프(City of Hope) 연구소, UCLA(캘리포니아대학 로스앤젤레스), UCSD(캘리포니아대학 샌디에이고) 등에서 박사후연구원으로 연구생활을 하다가 일리노이공과대학 화학과 조교수로 부임했다. 유전자의 구조 및 드러그 디자인(drug design)을 주제로 연구를 진행했다. 일본으로 돌아온 후 생명과학을 주제로 집필 활동에 전념하고 있다. 『よみがえる脳되살아나는 뇌의 비밀』 · 『脳と心を支配する物質뇌와 마음을 지배하는 물질』 · 『がんとDNAのひみつ암과 DNA의 비밀』 · 『ウイルスと感染のしくみ바이러스와 감염의 구조』 · 『とことんやさしいヒト遺伝子のしくみ참으로 쉬운 인간 유전자의 구조』 · 『マンガでわかる自然治癒力のしくみ먹거리로 높이는 자연 치유력』 · 『がん治療の最前線암 치료의 최전선』〈サイエンス · アイ新書〉, 『脳地図を書き換える뇌 지도를 다시 그리다』〈東洋経済新報社〉, 『心の病は食事で治す마음의 병은 음식으로 고친다』 · 『食べ物を変えれば脳が変わる음식을 바꾸면 뇌가 바뀐다』〈PHP新書〉, 『ドキュメント 遺伝子工学도큐먼트, 유전공학』〈PHPサイエンス · ワールド新書〉, 『ビタミンCの大量摂取がカゼを防ぎ、がんに効く비타민 C 대량 섭취가 감기를 예방하고 암을 완화한다』〈講談社 + α新書〉, 『日本人だけが信じる間違いだらけの健康常識일본인만 믿는 엉터리 건강 상식』〈角川oneテーマ21〉, 『初めの一歩は絵で学ぶ 生化学첫걸음은 그림과 함께, 생화학』〈じほう〉 등 수많은 책을 집필했다.

이쿠타 사토시와 배우는 뇌와 영양의 세계
http://www.brainnutri.com/

들어가며

좋든 싫든 인류가 생명을 조작하는 시대가 열렸다. 생명의 근원인 유전자가 DNA라는 물질로 구성되어 있다는 사실이 밝혀졌고 이를 다루는 유전공학이 발달했기 때문이다.

초기 유전공학 기술은 오직 박테리아나 바이러스 같은 단순한 생물을 다루는 데만 응용되었으나 지금은 사정이 확 달라져 식물, 곤충, 동물 같은 복잡한 생물을 다루는 데도 응용된다. 이를테면 유전공학 기술을 이용하면 소나 염소의 젖에서 인간 단백질을 얻을 수 있다.

한편 유전자 진단 덕에 인간은 병에 걸리기 훨씬 전부터 발병을 예측할 수 있다. 이를 바탕으로 생활습관이나 식생활을 개선하면 발병을 막거나 상당히 늦출 수 있다.

인간이 앓는 질병의 대다수는 유전자 이상이 원인이다. 암, 당뇨병, 비만, 정신질환 등은 생활습관과 유전적 요인이 맞물려 발생한다. 이제 유전자 때문에 생기는 질병을 치료하기 위해 정상 유전자를 세포 안에 넣는 유전자 치료가 실현되려 한다. 유전공학은 우리 일상생활에 큰 영향을 미친다.

그런데 유전자란 무엇일까? DNA 재조합은 뭘 어떻게 하는 걸까? 클로닝이 뭘까? 왜 클로닝을 할까? 클로닝으로 무엇을 할 수 있을까? 암, 당뇨병, 비만이 유전자와 무슨 관련이 있을까? 유전자 진단이라는 게 정확히 뭘까? 파고들수록 의문은 끝이 없다.

그 의문들에 답하고자 유전자와 생명을 다루는 기술을 보통 사람도 알기 쉽게 풀어 책 한 권에 담았다. 그리하여 탄생한 것이 바로 이 책이다. 나의 전작인 『とことんやさしいヒト遺伝子のしくみ참으로 쉬운 인간 유전자의 구조』

와 함께 널리 읽히길 바란다.

시작하기에 앞서 양해를 구할 점이 있다. 이 책에서는 인물에 대한 존칭을 생략했다.

미국에서는 유전자가 시대의 키워드로 떠올랐다. 지식인은 물론이고 사업가라면 남녀를 불문하고 모르는 사람이 없다. 사업할 때뿐 아니라 사석이나 파티 자리에서 유전자니 유전공학이니 하는 말이 자주 나오기 때문이다. 또한 미국 경제를 이끄는 원동력의 중심에 유전공학이 있다. 말하자면 영화 등의 문화산업이나 소프트웨어로 대표되는 IT(정보기술) 산업과 마찬가지로, 유전자 진단 · 치료약 개발 · 불임 치료 · 재생 의료 등을 다루는 유전공학에 우수한 두뇌와 재능 그리고 자본이 집중되고 있다.

유전공학은 아직 새로운 분야다. 유전자가 DNA임을 확인한 때가 1953년이다. 그리고 DNA를 효소로 자르고 붙일 수 있게 된 때, 즉 유전공학이 탄생한 때가 1973년이다. 유전공학의 역사는 아직 50년밖에 되지 않았다. 하지만 이 분야에서 많은 인재가 각축을 벌이고 있다. 폭발적으로 발전한 것도 당연하다.

유전공학의 기초와 응용을 이해함으로써 삶의 의미를 고찰할 때 조금이라도 도움이 된

다면 저자로서 더할 나위 없이 기쁠 것 같다.

이 책을 쓰는 데 많은 유익한 조언을 해 주신 SB크리에이티브 출판사의 마스다 겐지 씨, 쉽고 즐겁게 이해할 수 있도록 일러스트를 그려 주신 이구치 치호 씨에게 감사드린다.

이쿠타 사토시

목차

제2장 유전공학으로 할 수 있는 일

제3장 유전자와 질병, 그리고 치료

제 1 장

유전공학이란 무엇일까

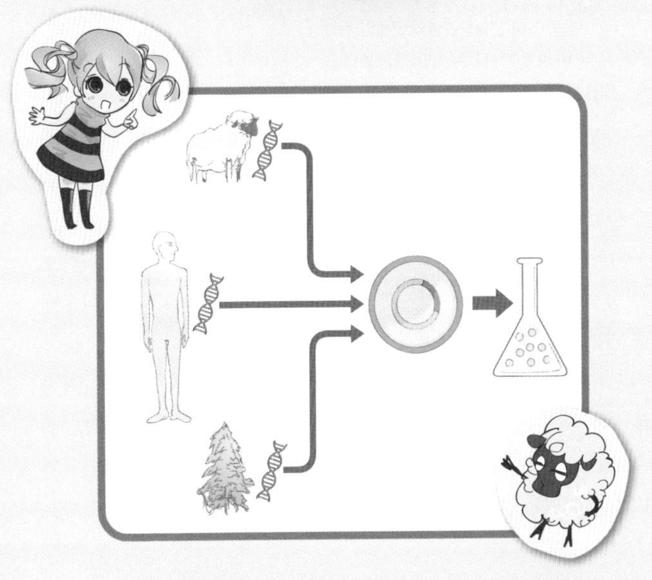

유전자 진단키트에서 질병 치료제까지, 유전공학은 이제 우리 일상생활에 꼭 필요한 것이 되었다. 그런데 유전공학이 무엇인지 잘 모르는 사람들이 많다. 1장에서는 유전공학의 기초 지식을 설명한다.

1970년대에 미국에서 시작되어 폭발적으로 발전한 유전공학은 유전자 진단키트와 약 등으로 우리에게도 익숙해진 분야다.

수천 개가 넘는 생물의학(바이오메디컬) 관련 기업이 미국 서쪽의 캘리포니아주와 동쪽의 매사추세츠주를 중심으로 탄생했다. 모두 벤처기업으로 시작한 이들 기업 중 상당수는 치열한 경쟁에서 도태되었지만 그래도 1,000개 이상의 기업이 아직 건재하다.

그중 제넨텍 사(社), 암젠 사, 바이오젠 사 등은 대기업으로 성장했다. 현재 유전공학은 IT(정보기술), 영화를 비롯한 문화산업과 함께 미국 경제를 강하게 뒷받침하는 주요 분야다.

생물의학을 바탕으로 운영하는 기업을 바이오기업이라고 한다. 바이오기업은 유전적으로 편집된 생물 혹은 그 생물이 일으키는 작용을 이용해 생산한 제품과 서비스를 고객에게 제공한다.

바이오기업이 하는 일을 좀 더 구체적으로 살펴보자. 바이오기업은 질병 치료를 위한 유용한 단백질, 질병 진단키트, 고기능 식품, 에너지(주로 생물이 만드는 알코올을 이용) 등을 만든다. 또한 법의학에서 범죄 수사나 친자 판정에 이용되는 DNA 지문분석도 바이오기업의 주요 상품이다(자료 1-1a).

바이오기업들은 우리의 일상생활과 깊은 관계가 있다. 예를 들어 유전자 진단은 병원이나 민간 기업에서 이미 시행되고 있을 정도다.

이들 바이오기업의 핵심은 의학, 생화학, 미생물학 같은 생명과학 및 생명공학 연구자의 참신한 아이디어다. 이들 기업은 앞다투어 좋은 조건을 내걸고 뛰어난 과학자나 기술자를 여럿 채용한다. 바이오기업은 고용 창출 측면에서도 경제에 상당히 공헌하는 셈이다.

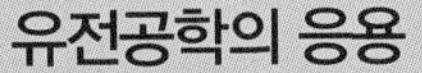

- 유용한 단백질 생산
- 질병 진단키트 개발
- 유전자 진단키트 개발
- 유전자 치료
- DNA 지문분석(범죄 수사 등)
- 농작물 개발
- 고기능 식품 개발
- 에너지 생산

음식 생산, 질병 치료,
범죄 수사에 이르기까지
널리 이용되고 있구나.

자료1-1a **우리 사회에 혁명을 일으키고 있는 유전공학**

그런데 조금 전부터 언급되고 있는 유전공학(진 엔지니어링 또는 바이오테크놀로지)이란 무엇일까? 유전자와 공학으로 나누어 살펴보자(자료 1-1b).

이학	사물의 이치를 탐구한다(기초)
공학	사물의 이치를 이용해 제품이나 서비스를 만든다(응용)
유전자	DNA
유전공학	유전자(DNA)를 이용해 유용한 제품이나 서비스를 제공한다

자료1-1b **유전공학의 정의**

공학(工學)과 이학(理學)은 비슷하지만 완전히 같지는 않으며 서로 다른 개념이라는 점에 주의하자. 이학은 과학(science)을 뜻하며 사물의 이치를 추적하고 규명한다. 한편 공학은 엔지니어링(또는 테크놀로지라고도 칭한다)을 뜻하며 이학으로 규명된 이치를 응용해 우리 생활을 향상시키기 위한 제품이나 서비스를 만드는 것이다. 즉 이학은 기초, 공학은 응용인 셈. 서구에서는 이 개념이 바르게 이해되어 왔지만 일본에서는 메이지 시대(일왕 무쓰히토의 재위 기간인 1868년부터 1912년까지를 일컫는다. -옮긴이) 이후 그 개념이 바르게 인식되지 못한 채 지금에 이르렀다.

이제 유전자라는 용어를 살펴볼 차례다. 유전자란 생물의 유전을 결정하는 유전물질, 또는 DNA(디옥시리보 핵산)를 말한다. 세포가 어떤 단백질을 언제 얼마나 만드는지 지시하는 것이 유전자의 역할이다. 엄밀히 말하면 유전자와 DNA는 조금 다르긴 하나, 유전자가 곧 DNA라고 이해하고 이 책을 읽어도 큰 문제는 없다.

요컨대 유전공학이란 유전자를 인위적으로 변형하여 우리에게 유용한 제품이나 서비스를 개발하는 학문이다.

1-2 DNA 대량 카피 사건, DNA 클로닝

유전공학에서의 인위적 변형은 어떤 생물의 유전자(DNA)를 다른 생물에게 옮김으로써 이루어진다. 구체적으로 말해 인간의 유전자를 대장균 같은 박테리아(세균)나 쥐에게 옮기거나, 박테리아의 유전자를 식물이나 동물에게 옮기는 일을 말한다.

인간의 유전자를 대장균에 옮기는 일을 예로 들어 보자(자료1-2a). 인간 세포에서 해당 유전자를 꺼내 대장균 유전자에 삽입해야 하는데, 그러기 위해서는 원하는 유전자를 정확하게 자르고 정확하게 붙일 필요가 있다.

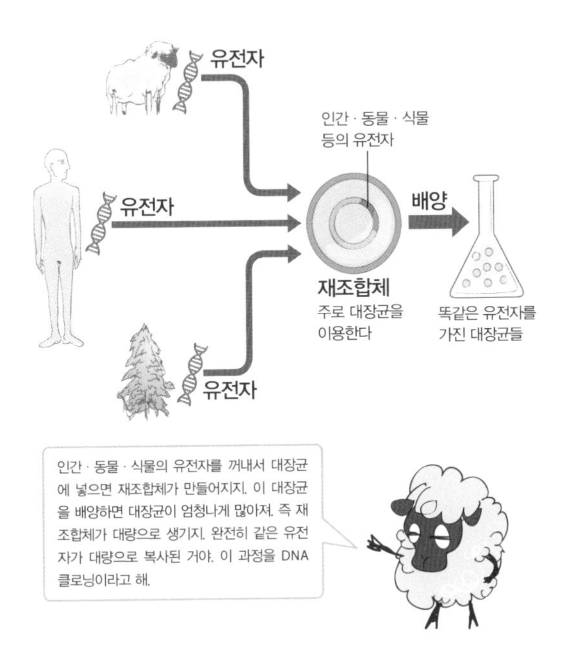
유전자
인간 · 동물 · 식물
등의 유전자
유전자
배양
재조합체
주로 대장균을
이용한다
똑같은 유전자를
가진 대장균들
유전자
인간 · 동물 · 식물의 유전자를 꺼내서 대장균에 넣으면 재조합체가 만들어지지. 이 대장균을 배양하면 대장균이 엄청나게 많아져. 즉 재조합체가 대량으로 생기지. 완전히 같은 유전자가 대량으로 복사된 거야. 이 과정을 DNA 클로닝이라고 해.

자료1-2a DNA 클로닝의 원리

이 중요한 임무를 효소라는 특별한 단백질에게 맡긴다. 말하자면 효소를 이용해 어떤 생물의 유전자를 자르고 다른 생물에게 옮겨 붙이는 셈이다.

유전공학의 목적은 유전자를 이용해 유용한 제품이나 서비스를 만들어 제공하는 것. A 생물의 A 유전자를 B 생물에게 옮긴 후 B 생물이 A 유전자를 이용해 단백질을 만드는 등의 활동을 하면 목적이 실현된다. 이때 B 생물을 재조합체라고 한다.

A 생물의 유전자를 B 생물에게 옮기기 위해서는 DNA를 '잘라 붙여야' 한다. 이 기술을 유전자 변형 기술 또는 유전자 재조합 기술이라고 부른다. 이 두 이름은 같은 의미로 쓰일 때가 많다.

주된 유전자 재조합 기술은 외부 DNA를 미생물(주로 대장균을 사용)에 넣어 재조합체를 만들어 배양하는 것이다. 그럼으로써 완전히 같은 DNA를 가진 재조합체가 증식되면 완전히 균일한 DNA가 대량으로 복제된다. 이를 DNA(유전자) 클로닝이라고 부른다(자료1-2b).

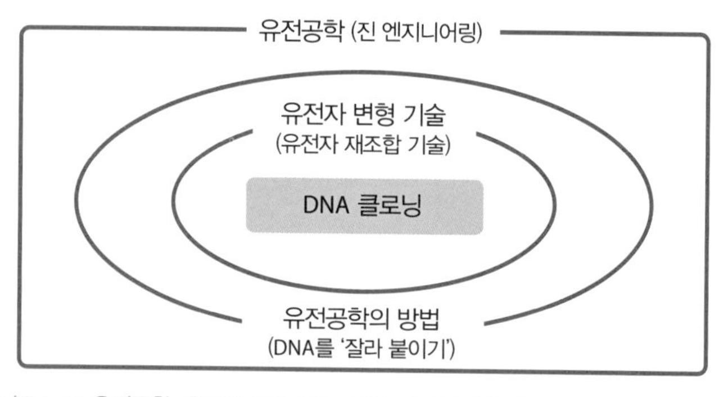

자료1-2b **유전공학, 유전자 변형 기술, DNA 클로닝의 관계**

원래 클론이란 카피를 의미한다. 예를 들어 성능 좋고 값비싼 A사 브랜드의 컴퓨터가 있다고 치자. B사에서 그 라이선스를 구입한 뒤 똑같이 만들어 저렴한 가격에 판매했고 그것을 소비자가 구입했다. 이때 B사 컴퓨터는 A사 컴퓨터의 클론이다.

생물학에서 클론은 성행위 없이 한 개체와 유전적으로 완전히 같게 만들어진 개체를 뜻한다(물론 일란성 쌍둥이는 예외다). 동물의 클론을 만드는 일은 세포에 핵을 이식함으로써 가능했다. 양과 원숭이로는 이미 성공했으며, 다음 차례는 인간이라고 해서 세계적으로 큰 논쟁이 벌어진 적도 있다.

1
3
모든 생물은 세포로 이루어져 있다

지구상에는 수없이 많은 생물이 산다. 유산균이나 대장균처럼 아주 작은 미생물, 여치나 메뚜기처럼 비교적 큰 곤충, 곤충보다 더 큰 정어리나 꽁치 혹은 연어 같은 물고기도 있으며, 악어나 거북이 같은 파충류도 있다. 그리고 쥐, 원숭이, 인간 같은 포유류도 지구의 일원이다. 한편 동물과는 다른 유형의 생물로 벼, 완두콩, 삼나무 같은 식물이 있다.

흔히 세균이라 부르는 박테리아나 효모 등 대표적인 미생물들은 세포가 1개뿐인 단세포생물로 비교적 구조가 단순하다. 그래도 이들 세포에는 유전을 담당하는 유전자와 단백질을 만드는 리보솜이 갖춰져 있다. 고작 직경 1미크론(1천 분의 1밀리미터)의 작은 세포 하나일 뿐이지만 리보솜이 있기 때문에 영양소만 충분하면 독립적으로 살아갈 수 있다. 크기는 작아도 어엿한 생물이다.

그와 달리 생긴 인간, 동물, 식물은 수많은 세포가 한데 모인 다세포생물이기에 대장균이나 유산균보다 훨씬 복잡한 생물이다. 다세포생물 세포의 직경은 대장균의 10배인 10미크론 정도다.

인간, 개, 삼나무는 형태가 사뭇 다르지만 이들을 구성하는 기본 단위인 세포의 구조는 아주 닮았다. 세포의 중앙쯤에는 핵이 있고, 그 주위에 리보솜이나 미토콘드리아 같은 세포 소기관이 있다. 핵 안에는 유전자가 돌돌 말려 아주 작게 뭉쳐진 모양으로 담겨 있다(자료1–3a).

다세포생물의 세포를 색소로 염색하고 현미경으로 들여다보면 분열 중인 세포에서 염색체가 보인다(널리 알려져 있는 X자 모양은 분열 중인 세포에서만 관찰 가능하다. 평소에는 덩어리진 국수 같은 형태로 핵 안에 담겨 있다. 세포 분열을 위해 국수 가닥들이 응축 · 정렬 · 복제되어 X자 모양을 이룬다. -옮긴이). 이곳에 많은 유전자가 있다.

지금까지는 영양소만 있으면 충분히 스스로 살아갈 수 있는 일반 생물에 대해 이야기했다. 지금부터는 살짝 방향을 틀어 유전공학에서 중요한 역할을 담당하는 바이러스를 소개한다.

바이러스란 유전자의 집합인 염색체가 단백질에 싸인 것이다. 크기는 고작 0.1미크론. 그래서 바이러스는 자신보다 10배 큰 대장균에 쉽게 침투한다.

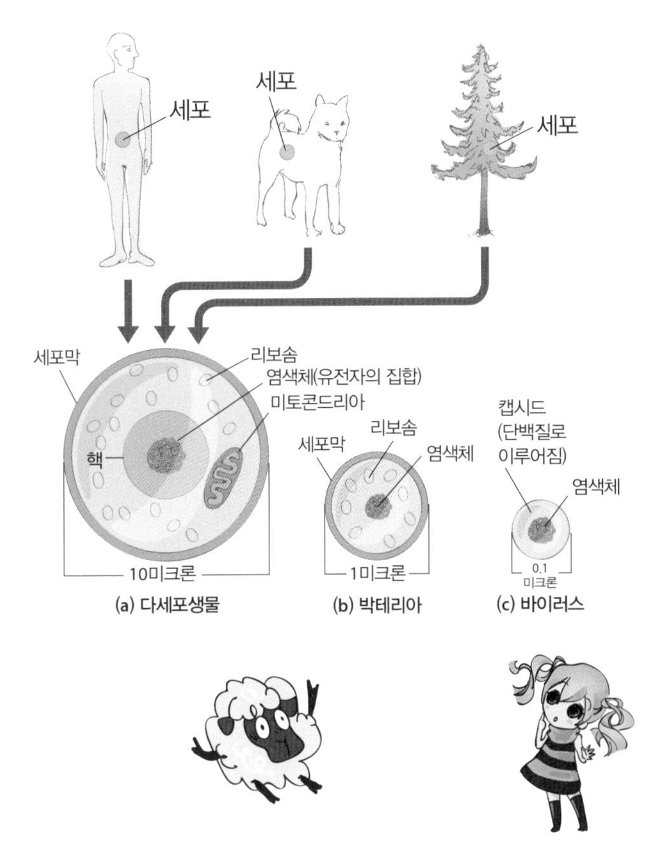

자료1-3a 인간, 개, 삼나무, 대장균의 기본 단위는 세포

바이러스는 유전자는 가지고 있지만 리보솜은 없기에 스스로 단백질을 만들 수 없다. 따라서 주변에 아무리 영양소가 많아도 자립해서 살 수 없다. 생물로서 완전하지 않은 존재라고 할 수 있다. 대신 살아 있는 세포(인간, 박테리아, 식물 등)에 숨어들어 이들의 리보솜을 멋대로 이용하며 살아간다. 즉 혼자 힘으로는 살 수 없지만 남의 힘으로는 살 수 있는 셈이다. 무언가에 얹혀사는 것을 기생이라 하는데 기생은 바이러스를 특징짓는 삶의 방식이다.

박테리아도 바이러스도 우리에게 미움을 살 때가 많지만 유전공학에서는 의약품이나 식료품 등의 생산에서 빼놓을 수 없는 도구다. 박테리아와 바이러스는 참으로 꿋꿋하게 살아가지만, 이것들을 이용해서 유용한 물질을 생산하는 우리도 꿋꿋함으로는 결코 지지 않는다.

동물, 식물, 박테리아는 모두 생물이지만 형태는 꽤 다르다. 또한 같은 생물, 예를 들어 같은 사람이라도 클론을 제외하면 완벽히 같은 개체는 하나도 없다. 그만큼 생물은 천차만별이지만, 모든 생물이 가진 공통점이 두 가지 있다.

첫째, 생물은 세포의 집합이지만 모든 세포는 독립적이다. 말하자면 세포는 영양소나 산소만 있으면 스스로 살아나갈 수 있다. 그런 점에서 우리 같은 생물은 살아 있는 세포에 기생해서 근근이 살아가는 바이러스와는 근본적으로 다르다.

우리가 매일 세 끼 밥을 먹는 이유는 지방세포가 만드는 렙틴(체지방량이 일정하게 유지되도록 돕는 호르몬. 렙틴이 늘면 식욕이 줄고 렙틴이 줄면 식욕이 는다. -옮긴이)이 감소했음을 뇌가 인지함으로써 식욕이 일기 때문이다. 뇌가 식욕, 즉 먹으라는 신호를 몸에 보내는 이유는 세포에 영양소를 공급해 세포를 살리기 위함이다.

각각의 세포에 충분한 영양소를 공급해 기운을 북돋우면 세포의 집합체인 생물이 씩씩하게 활동할 수 있다. 이것은 세포나 생물의 이야기지만 인간이나 사회에 대해서도 똑같이 이야기할 수 있다. 개인이 대우받으며 씩씩하게 자기 일을 수행하는 조직이 발전한다. 어디서든 최소 단위에 기운을 불어넣는 일이 중요하다.

둘째, 세포에는 정해진 수명이 있다. 무슨 조화인지는 몰라도 자기 수명이 다하면 세포는 죽는다. 따라서 나이 든(오래된) 세포가 죽기 전에 그것과 완전히 똑같은 새로운 세포가 태어난다. 이 과정을 세포 증식이라고 한다. 새로운 세포는 오래된 세포가 수행해 온 역할을 맡는다.

세포 증식은 이 책에서 종종 볼 수 있는 표현이다. 증식이라는 단어 때문에 총 세포의 수가 점점 늘어나는 모습을 떠올릴지 모르지만 오해다. 왜냐하면 새로운 세포가 탄생하면서 제 역할을 다한 오래된 세포는 죽기 때문이다. 일본의 인구는 1억 2,000만 명인데 예컨대 매년 약 100만 명이 사망하고 거의 같은 수의 아기가 탄생한다면 전체적으로 인구의 증감은 거의 없다. 세포도 마찬가지다. (사실 일본에서는 인구 감소가 일어나고 있다. 태어나는 아기의 수가 죽는 사람의 수보다 적기 때문.)

결국 오래된 세포는 새로 탄생한 세포로 대체될 뿐이다. 건강한 몸에서 총 세포의 수는 거의 변화하는 일 없이 일정하게 유지된다.

그런데 만약 세포 증식이 원활하지 않으면 어떻게 될까? 만약 새로운 세포가 탄생하기 전에 오래된 세포가 죽으면? 세포가 구성하던 조직은 죽고 생물도 생존의 위기에 처한다.

오래된 세포의 죽음과 새로운 세포의 탄생이라는 세대교체가 원활하게 이루어져야만 생물이 건강하게 살 수 있다. 회사에서도 경력사원이 하던 일을 신입사원에게 인수인계하는 세대교체가 중요하다. 이로써 세포와 우리 사회가 너무도 닮았음을 이해했으리라.

1-5 아이가 부모를 닮는 이유

모든 생물은 언젠가 죽음을 맞이한다. 그렇지만 사람이 죽더라도 그의 아들이나 딸은 살아 있다. 또 더비 경마(현대 경마의 시초격인 경마. 매년 5월이나 6월에 영국에서 개최된다. -옮긴이)에서 우승한 명마가 죽더라도 그 자식이 성장하여 다시금 더비 경마에서 우승한다.

부모에게서 아이가 태어나고, 아이는 성장하여 어느덧 부모가 된다. 아이였던 부모는 아이를 낳고, 그 아이는 성장하여 부모가 되고… 이처럼 개체는 유한한 삶을 마치고 죽더라도 개체가 속한 종은 연면히 삶을 이어 나간다. 지금 지구상에 존재하는 생물은 모두 이런 식으로 살아남은 적자(適者)들뿐이다.

고양이의 새끼는 반드시 고양이, 개의 새끼는 반드시 개, 원숭이의 새끼는 반드시 원숭이다. 고양이의 새끼가 개일 리 없고 개의 새끼가 고양이일 리 없다. 이처럼 같은 종의 생물에서는 같은 종의 생물이 태어난다.

예부터 부모와 자식은 쏙 빼닮는다고 했다. 키의 크기, 코의 높낮이, 얼굴 윤곽, 눈동자나 머리 색깔, 귀의 생김새, 성격 등 모든 면에서 아이는 부모를 쏙 빼닮는다. 이것이 유전이다. 인간만 그런 게 아니다. 개, 고양이, 소, 원숭이 등 모든 동물이 마찬가지다. 부모와 자식이 닮는 것은 생물의 특징이다.

어째서 같은 종의 생물에게서는 같은 종의 생물이 태어나는가? 왜 부모와 자식은 닮는가? 그 이유는 부모가 아이에게 전달하는 특별한 물질이 있기 때문이다. 이것이 인간, 고양이, 원숭이, 개 등의 종을 구분 짓는다. 뿐만 아니라 이 물질의 세부 내용에 따라 같은 종 안에서도 서로 구분되는 부모와 아이만의 특징이 결정된다.

부모로부터 아이에게 전달되는 물질을 유전자라고 부른다(22쪽 자료 1-5a). 그레고어 멘델의 완두콩 실험 등을 통해 유전 법칙이 밝혀진 후

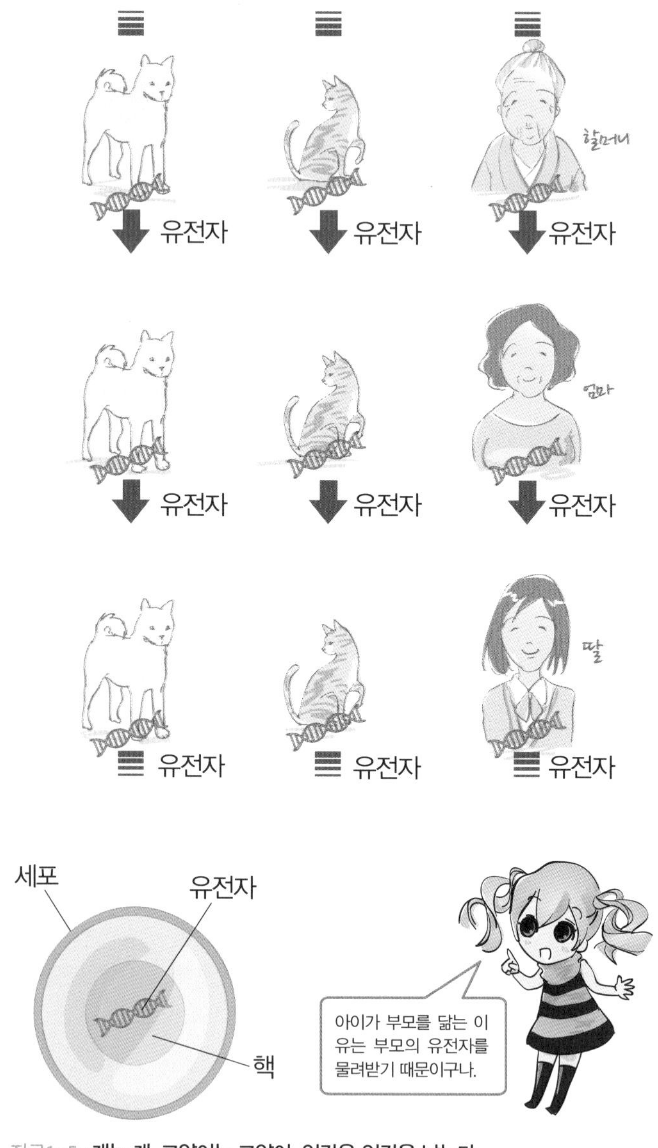

자료1–5a **개는 개, 고양이는 고양이, 인간은 인간을 낳는다**

1900년대 초에 유전자의 개념이 제안되었다. 그러나 당시에는 유전자가 단백질인지 핵산인지 규명되지 않아 학자들 사이에서 논란이 일었다.

1900년대에 세포 내 물질 중에서 가장 연구가 진척된 것은 단백질로, 가장 유력한 유전자 후보였다. 한편 세포핵 안에 산성을 띤 매우 긴 물질이 존재한다는 사실은 이미 알려져 있었다. 핵 속의 산이라는 뜻에서 핵산이라는 이름이 붙었다.

1950년대에 과학자 제임스 왓슨과 프랜시스 크릭은 유전자가 단백질이 아니라 핵산 중에서도 디옥시리보 핵산(Deoxyribo nucleic acid)이라고 불리는 물질이라는 사실을 밝혀냈다. 지금은 디옥시리보 핵산이라는 긴 이름으로 부르지 않고 머리글자를 따서 DNA라고만 부른다.

1-6 이중나선 DNA는 아름답다

1953년 왓슨과 크릭은 유전자가 DNA임을 주장하고 DNA의 입체구조 모델을 발표했다. 실제로 이 모델이 옳다는 사실이 실험적으로 규명된 것은 그로부터 28년이나 지난 1981년이니 그들의 발견은 상당히 앞선 것이었다. 노벨상에도 상중하가 있다면 그들은 틀림없이 '상'이다.

그럼 DNA의 입체구조를 살펴보자(자료1-6a).

(1) DNA는 두 가닥으로 구성되어 있다. 마치 남녀가 껴안듯 리본 두 가닥이 서로 마주보고 얽혀 있다.

(2) DNA는 굵기 20Å(옹스트롬)의 가느다란 실 같은 형태다. 20옹스트롬이면 어느 정도인지 감이 잘 잡히지 않겠지만, 100만 분의 2밀리미터이니 어쨌든 무척 가늘다는 사실을 알 수 있다. 양쪽 리본에 A(아데닌), G(구아닌), C(사이토신), T(타이민)라는 알파벳이 늘어서 있다. 이것을 화학에서는 염기라고 한다. 즉 DNA에는 네 종류의 염기가 있고 그것들은 리본 위에 어떤 순서로든 늘어설 수 있다. 이처럼 염기서열(시퀀스라고 한다)을 자유롭게 만듦으로써 DNA는 어떤 유전정보든 전달할 수 있다.

(3) 모든 염기는 평면 구조로, 그 크기에는 두 종류가 있다. 큰 염기는 A와 G, 작은 염기는 C와 T다.

(4) 한쪽 리본 위에 있는 A는 다른 한쪽 리본 위에 있는 T와 쌍을 이룬다. 마찬가지로 G는 C와 쌍을 이룬다. 이와 같은 염기쌍의 결합을 상보 결합이라고 부른다. 이렇게 특정 염기들끼리만 쌍을 이루는 현상 때문에 두 가닥의 리본이 얽히는데, 한쪽 리본의 염기서열과 딱 맞는 다른 쪽 리본의 염기서열을 상보적이라고 한다.

(5) 큰 A와 작은 T가 붙어 AT쌍을 이루고 큰 G와 작은 C가 붙어 GC쌍을 이룬다. AT 쌍은 GC 쌍과 크기가 완전히 같다. 두 염기쌍은 이중나선 안

쪽에 계단 모양으로 늘어서 있다. 계단을 10칸(염기쌍 10개) 오르면 나선은 1회전한다. 계단 1칸은 3.4옹스트롬이므로 1회전한 나선의 길이는 34옹스트롬이다. 한편 DNA 바깥쪽에는 인산과 당이 튀어나와 있다.

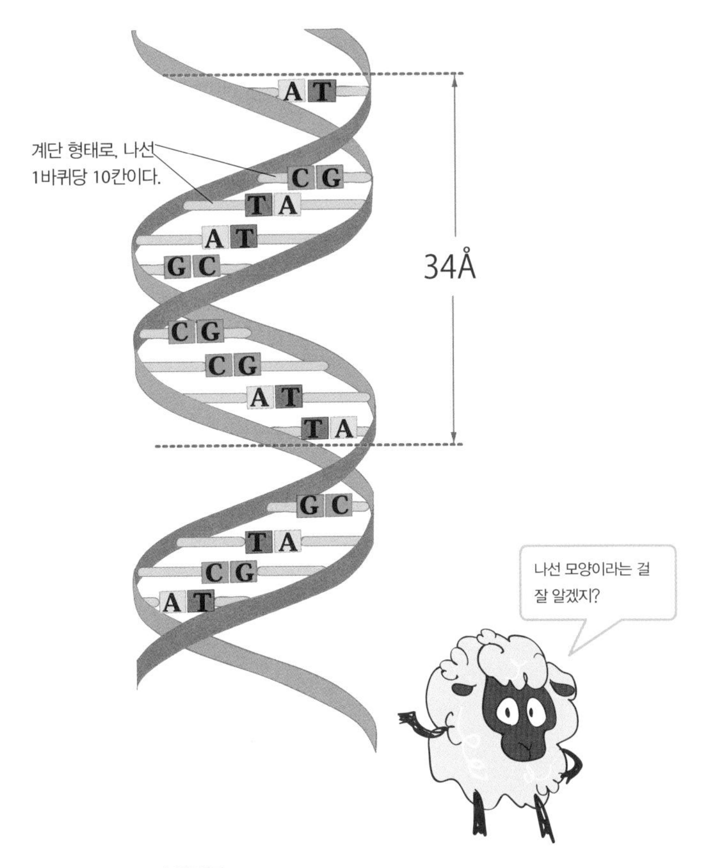

자료1–6a **DNA의 입체구조**

다음 26쪽 자료는 DNA를 간략하게 나타낸 것이다(자료1–6b). DNA가 염기, 당, 인산으로 이루어졌음을 확인할 수 있다.

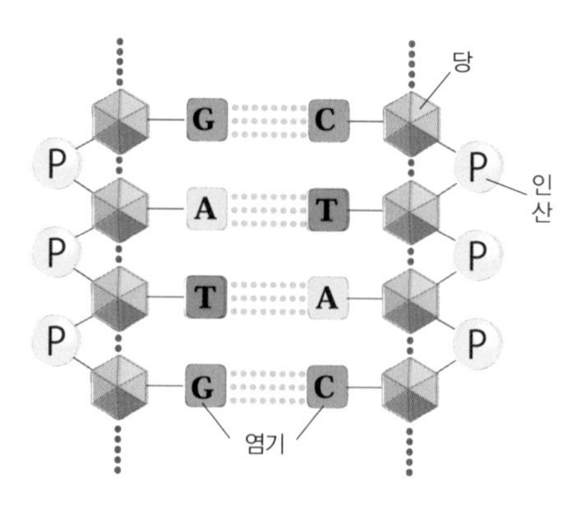

자료1-6b **DNA의 간략한 구조**

DNA가 복제되는 모습도 살펴보자(자료1-6c). 두 가닥의 리본이 부분적으로 풀려 한 가닥이 된다. 그리고 각 리본 위의 염기와 쌍을 이루는 염기가 들어서면서 새로운 리본이 생긴다. 자료에서 기존 리본과 상보적인 새로운 리본을 확인할 수 있다.

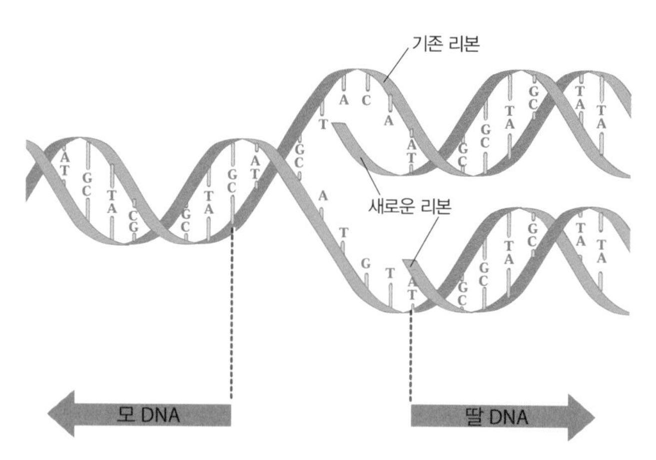

자료1-6c **DNA가 복제되는 모습**

1
7
유전정보는 어떤 순서로 전달되는가

유전정보를 담은 테이프인 DNA는 복제와 전사라는 두 가지 역할을 수행한다. 그 두 가지 역할과, DNA에서 유전정보가 전달되어 단백질이 생성되기까지의 과정을 따라가 보자(자료1–7a).

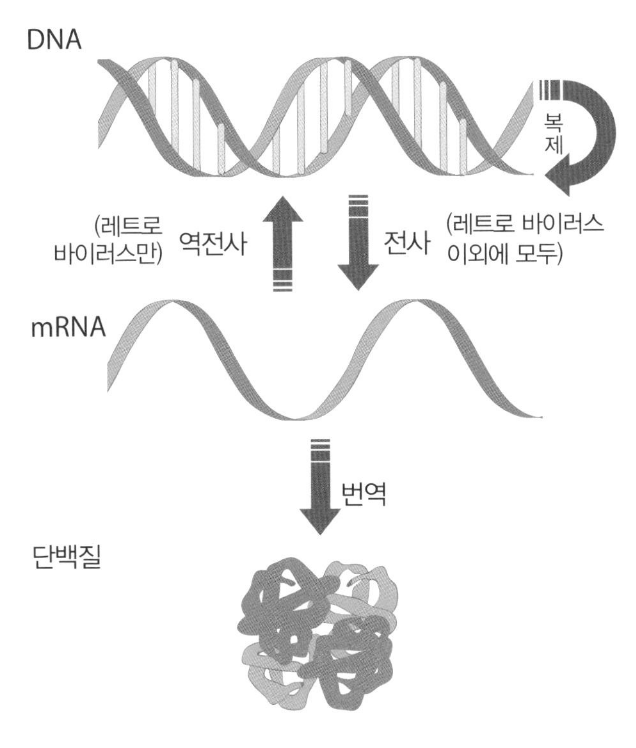

자료1–7a 유전정보의 흐름은 일방통행이다

DNA의 첫 번째 역할은 자신을 복제하는 것이다. 그러기 위해서는 감긴 테이프의 일부분을 풀어 한 가닥으로 만든 후 그것과 상보적인 염기를 가진 새로운 테이프를 만들어야 한다. 이 과정을 DNA 복제라고 한다. DNA는 복제를 통해 수많은 카피를 만든다.

두 번째 역할은 겹가닥인 DNA로부터 외가닥인 RNA를 만드는 것이다. 이처럼 DNA가 RNA로 전달되는 과정을 전사라고 한다. 특히 전령 RNA(mRNA라고 한다)는 DNA가 가진 유전정보를 단백질 제조 공장으로 보내는 유전자계의 전달자다. 인간이나 동물 같은 일반 생물의 유전자는 모두 DNA이므로 반드시 전사가 일어난다.

그런데 아주 가끔이지만 외가닥 RNA에서 겹가닥인 DNA가 생길 때가 있다. 이 과정은 전사와 정반대이기에 역전사라고 한다. 역전사는 일반 생물에게서는 결코 일어날 수 없다. 그러나 HIV(인간면역결핍바이러스, 에이즈를 일으킨다) 같은 몇몇 바이러스는 유전자로 DNA가 아닌 RNA를 가지고 있으며 역전사 효소를 이용해 외가닥 RNA로부터 겹가닥 DNA를 만든다. 이처럼 역전사를 하는 바이러스를 가리켜 레트로바이러스라 부른다.

다음은 전령 RNA의 지령에 따라 단백질을 생산하는 단계다. 이 과정을 번역이라고 한다. DNA나 RNA 등의 핵산에 쓰인 정보를 이용해 핵산과 전혀 다른 물질인 단백질을 만든다는 점에서 이 과정에 번역이라는 이름이 붙었다.

그럼 단백질이란 무엇일까? 단백질은 L형 아미노산이 무수히 이어져 생긴 거대한 분자다(아미노산은 그 구조에 따라 L형과 D형으로 나뉜다. -옮긴이). 단백질은 세포를 형성하는 재료로 쓰일 뿐만 아니라 체내에서 화학반응을 일으키는 효소로도 활동한다. 그리고 효소 운반, 근육 수축, 면역반응, 세포와 세포의 연결 등도 담당한다.

단백질은 어떻게 이토록 다채로운 일을 할 수 있을까? 그 비밀은 조합에 있다. DNA가 합성하는 아미노산의 종류는 모두 20개다. 따라서 아미노산 2개를 붙여서 만들 수 있는 조합은 20×20=400가지, 3개를 붙여서 만들 수 있는 조합은 20×20×20=8,000가지나 된다. 요컨대 n개의 아미노산으로 만들 수 있는 단백질의 종류는 20^n가지다. 단백질 하나는 보통 100개에서 300개의 아미노산으로 구성되어 있다. 그러니 아미노산 100개가 이어져 생긴 작은 단백질조차 종류가 엄청나게 많을 수밖에 없다(무려 20^{100}가지). 이 다양한 단백질들은 저마다의 개성을 뽐내며 자신의 역할을 수행한다.

염기서열을 아미노산의 서열로 바꾸는 암호

DNA에서 전령 RNA로의 전사가 끝난 시점부터 이야기를 이어 가겠다. 전령 RNA라는 테이프에 쓰인 A, G, C, U(RNA에서는 티아민(T) 대신 유라실(U)이라는 염기가 쓰인다.-옮긴이)라는 알파벳 4개를 단백질의 재료가 되는 아미노산으로 번역해야 한다.

어떻게 하면 네 글자만으로 이루어진 전령 RNA가 20종류나 되는 아미노산을 지정(이것을 유전부호라고 한다)할 수 있을까? 상당한 테크닉이 필요하다.

바로 4개의 알파벳을 조합하는 기술이다. 가령 4개의 염기에서 2개의 염기를 골라 조합하면 4×4=16이므로 16가지 문자가 생긴다. 그러나 16가지 문자는 20종류의 아미노산을 지정하기에는 4가지가 부족하다. 따라서 3개의 염기를 골라 문자를 조합해 보자. 4×4×4=64가지가 나온다. 그러면 20종류의 아미노산 모두를 지정하기에 충분하다.

3개의 염기로 된 조합을 코돈이라고 한다. 64(4×4×4)개의 코돈 가운데 61개는 아미노산을 지정한다. 나머지 3개(UAA, UAG, UGG)는 종결 코돈이라는 것으로 '단백질로 번역하는 작업은 여기서 끝'이라는 신호로 쓰인다.

참고로 '여기부터 번역 작업을 시작한다'라는 작업 개시 신호의 역할은 메싸이오닌을 지정하는 AUG라는 코돈이 겸임한다.

다음 31쪽 자료는 각각의 코돈에 대응하는 아미노산 및 번역 종료 신호를 표로 정리한 것이다(자료1-8a). 이 유전암호표(코돈표)는 대장균이나 유산균 같은 단세포생물부터 인간 같은 다세포생물에 이르기까지 모두에게 공통된다. 그러므로 이 표야말로 DNA와 아미노산을 잇는 비밀을 담고 있다고 할 수 있다.

두 번째 염기

첫 번째 염기	U	C	A	G	세 번째 염기
U	UUU UUC 페닐알라닌 UUA UUG 류신	UCU UCC UCA UCG 세린	UAU UAC 타이로신 **UAA** **UAG** 종결 코돈	UGU UGC 시스테인 **UGA** 종결 코돈 UGG 트립토판	U C A G
C	CUU CUC CUA CUG 류신	CCU CCC CCA CCG 프롤린	CAU CAC 히스티딘 CAA CAG 글루타민	CGU CGC CGA CGG 아르지닌	U C A G
A	AUU AUC AUA 아이소류신 **AUG** 메싸이오닌	ACU ACC ACA ACG 트레오닌	AAU AAC 아스파라진 AAA AAG 라이신	AGU AGC 세린 AGA AGG 아르지닌	U C A G
G	GUU GUC GUA GUG 발린	GCU GCC GCA GCG 알라닌	GAU GAC 아스파트산 GAA GAG 글루탐산	GGU GGC GGA GGG 글리신	U C A G

'여기부터 단백질 생산을 생산하세요'라는 시작 신호(AUG)와 '여기서 단백질 생산을 멈추세요'라는 정지 신호(종결 코돈)는 굵은 글씨로 표시했어.

자료1-8a **DNA와 아미노산을 잇는 코돈표**

아미노산의 이름과 약어			
아미노산	약어	아미노산	약어
알라닌	Ala	류신	Leu
아르지닌	Arg	라이신	Lys
아스파라진	Asn	메싸이오닌	Met
아스파트산	Asp	페닐알라닌	Phe
시스테인	Cys	프롤린	Pro
글루타민	Gln	세린	Ser
글루탐산	Glu	트레오닌	Thr
글리신	Gly	트립토판	Trp
히스티딘	His	타이로신	Tyr
아이소류신	Ile	발린	Val

자료1-8b **아미노산의 이름과 약어**

1-9 단백질 생산 공장으로 가자

세포핵 내부에서 전사가 끝나 전령 RNA가 생겼다. 이 전령 RNA가 핵을 나와 리보솜으로 이동한다(자료1-9a). 리보솜은 아미노산을 이어 붙여 목적 단백질을 조립하는 생산 라인이다.

단백질은 아미노산이 특정 순서로 늘어선 것이며 그 성질은 어떤 아미노산이 어떤 순서로 늘어섰는지에 따라 결정된다. 어려운 말로 '아미노산의 종류와 배열 순서가 단백질의 성질을 결정한다'라고 표현한다.

단백질의 성질을 결정하는 두 가지 요인은 곁가닥 DNA의 염기서열이 결정한다. DNA의 염기서열은 고스란히 전령 RNA로 전달되기에 세포에서 만들어지는 단백질은 DNA가 결정한다.

염기 3개로 구성된 코돈은 1개씩 아미노산을 지정한다. 가령 전령 RNA 한 가닥이 있는데 그 염기서열이 AUG, GUU, GGC, UUC, AGU, CGA, UGA라고 하자. 여기서 첫 코돈인 AUG는 메싸이오닌, GUU는 발린, GGC는 글리신이라는 아미노산을 지정한다. 이처럼 아미노산이 잇따라 늘어서서 단백질이 생기는 것이 번역이다.

번역은 리보솜에서 일어나지만 아미노산은 혼자서 리보솜에 다다를 수 없다. 그런 아미노산을 돕는 것이 운반 RNA(tRNA라고 한다)라는 물질이다. 운반 RNA는 코돈에 의해 결정된 아미노산을 리보솜으로 옮긴다. 물론 20종류의 아미노산 모두에 대응하는 운반 RNA가 존재한다.

리보솜에 전령 RNA가 붙자마자 메싸이오닌을 붙든 운반 RNA가 다가와 단백질 합성이 시작된다. 다음으로 발린을 붙든 운반 RNA가 다가오고 리보솜 위에 메싸이오닌과 발린이 있게 된다. 둘은 꽤 가깝기 때문에 충돌하여 화학반응을 일으킨다. 그리하여 메싸이오닌과 발린 사이에 펩타이드 결합이라는 단단한 결합이 생긴다. 그로 인해 첫째와 둘째 아미노산

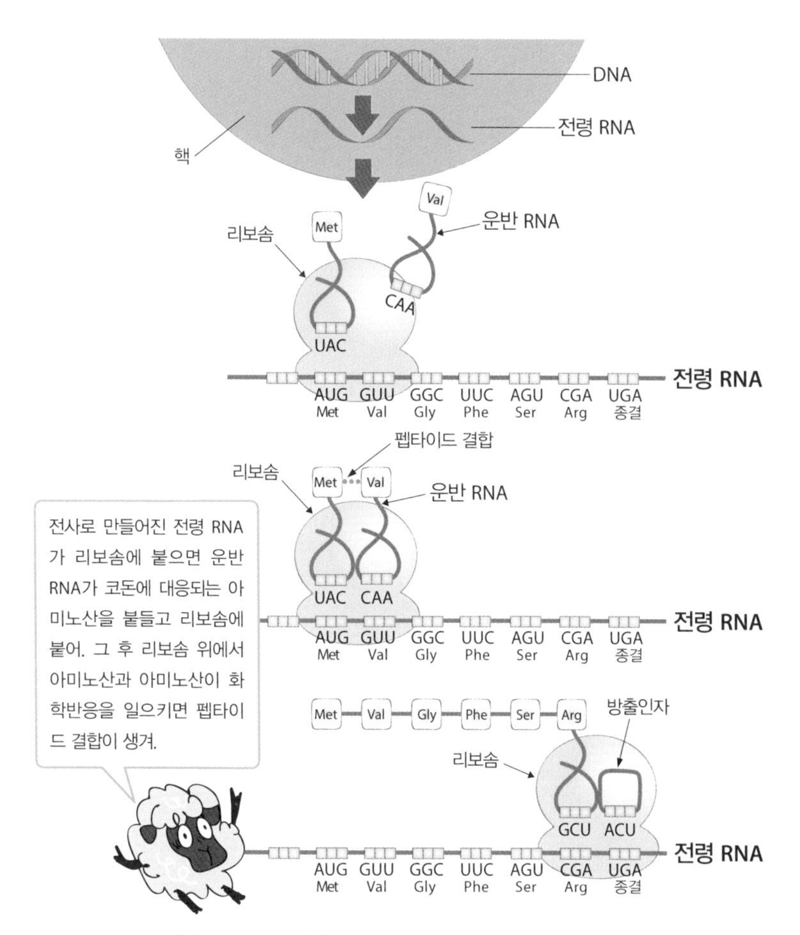

자료1-9a **단백질은 리보솜 위에서 생긴다**

이 이어졌다.

그 후 리보솜은 다음 아미노산을 잇기 위해 전령 RNA 위를 이동한다. 그리고 앞의 과정을 반복하여 셋째 아미노산인 글리신, 넷째 아미노산인 페닐알라닌을 차례로 잇는다.

이 작업을 언제까지 반복하는가 하면, 번역의 종결 코돈인 UGA에 도달할 때까지다. UGA가 읽히면 방출인자라는 단백질이 붙으면서 단백질과 전령 RNA가 리보솜에서 떨어진다.

단백질 생산 라인은 자동차 생산 현장을 떠올리게 한다. 이처럼 생물은 공장만큼이나 정밀한 시스템을 이용해 유전정보를 자손에게 전달한다.

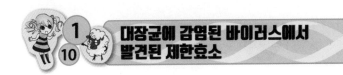

1-10 대장균에 감염된 바이러스에서 발견된 제한효소

유전공학의 역사는 50년밖에 되지 않았지만 그 발전 속도는 폭발적이라서 미국 경제를 이끄는 원동력의 하나로까지 성장했다. 게다가 약, 화장품, 식품, 생분해성 플라스틱 등의 제조에도 큰 역할을 함으로써 우리 일상생활과도 깊은 관계를 맺고 있다.

유전공학의 중심은 유전자 변형이다. 1973년 스탠퍼드대학의 스탠리 코언과 UCLA의 허버트 보이어는 제한효소와 DNA 연결효소로 DNA를 잘라 붙일 수 있다고 발표했는데 이것이 최초의 유전자 변형 실험으로 알려져 있다.

그런데 DNA를 절단하는 기능을 하는 제한효소 자체는 1968년 대장균에 감염된 바이러스를 연구할 때 발견되었다. 이 연구는 소박했기에 크게 주목받지 못했다. 하지만 이 소박한 연구가 없었더라면 유전공학도 탄생하지 않았으리라. 큰 발견이나 발명은 소박한 연구의 축적으로 달성된 것임을 실감한다. 그렇다면 제한효소가 어떻게 발견되었는지 살펴보자.

병원성 대장균, 티푸스균, 콜레라균 등의 병원균은 인간을 감염시켜 질병을 일으키는 박테리아 친구들이다. 이때 감염을 일으키는 병원균을 게스트라고 하고 감염되는 쪽을 호스트 또는 호스트 세포라고 한다. 박테리아에 의한 감염증에서는 박테리아가 게스트, 피해를 입는 우리가 호스트다. 즉 병원균은 초대받지 않은 손님(게스트)인 셈이다.

바이러스는 인간도 박테리아도 감염시키므로 언제나 게스트다. 반대로 인간은 바이러스에도 박테리아에도 감염되므로 언제나 호스트다. 미묘한 입장에 있는 것이 박테리아인데, 바이러스에게는 호스트지만 인간에게는 게스트다. 다음 36쪽 자료는 인간, 박테리아, 바이러스의 관계를 나타낸 것이다(자료1-10a).

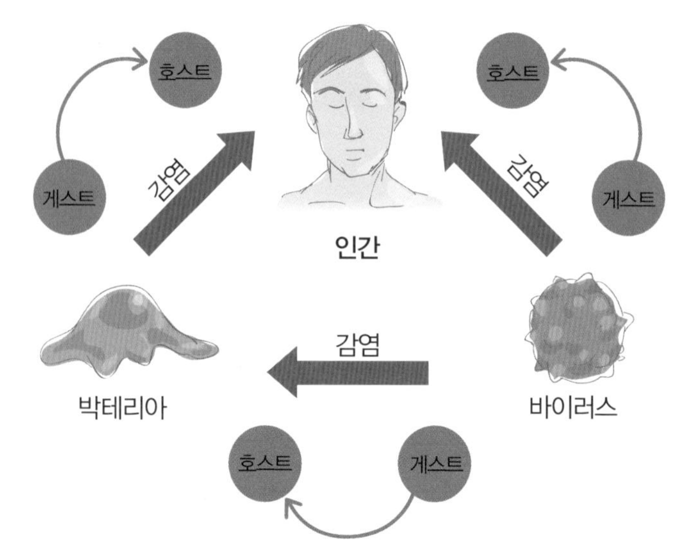

자료1-10a **인간, 박테리아, 바이러스의 감염 관계도**

병원균은 우리를 감염시켜 못된 짓을 꾸미기에 우리는 병원균을 격퇴하기 위해 항생물질을 쓴다. 그러면 병원균은 대부분 죽지만 전멸하지는 않는다. 왜냐하면 병원균이 특별한 효소를 만들어 항생물질을 파괴하기 때문이다. 물론 그 효소를 생산하라고 명령하는 약제내성유전자가 있을 것이다.

역시나 약제내성유전자는 발견되었다. 그 유전자는 박테리아의 염색체에 있을 것으로 여겨졌는데, 의외로 플라스미드(물리적으로 염색체와 분리되어 있는 독자적인 DNA. -옮긴이)라는 고리 모양의 DNA에서 대체로 발견된다. 약제내성유전자 덕에 살아남은 박테리아는 인간을 감염시키게 된다(자료1-10b).

그런데 이 박테리아를 감염시키는 박테리오파지라는 바이러스가 있다.

대장균은 성질이 조금씩 다른 친척이 거의 수천 종류에 달하는데(이를 균주(스트레인)라고 한다), 박테리오파지 중 하나인 λ(람다) 파지는 거의

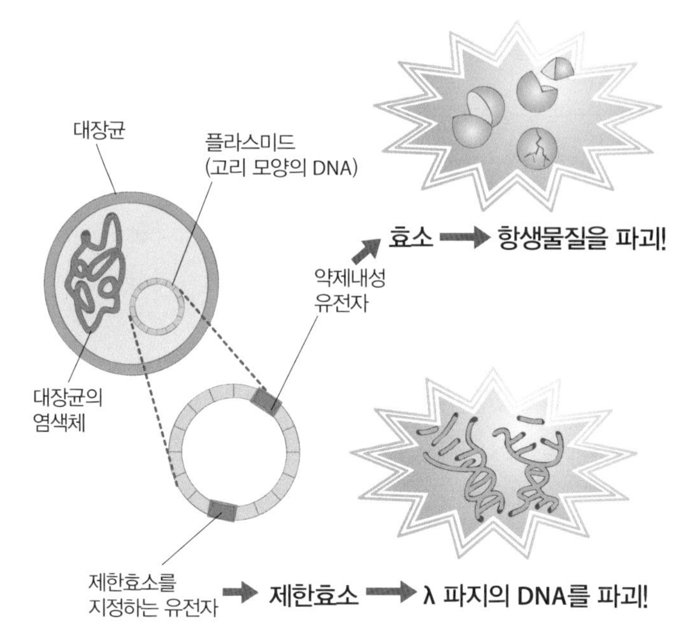

자료1-10b **박테리아가 퇴치되거나 용균되지 않고 살아남는 원리**

모든 종류의 대장균을 감염시켜 세포를 가로챈다. 세포를 빼앗긴 대장균은 λ 파지 유전자의 명령에 따라 단백질을 만든다. 그리하여 생긴 단백질이 조립되어 새로운 λ 파지가 생긴다. 이런 식으로 λ 파지가 잇따라 탄생하고, λ 파지에게 혹사당한 대장균은 기진맥진해서 불쌍하게도 녹아 죽는다. 이것을 용균이라고 한다.

인간도 너무 많이 일하면 병에 걸려 쓰러진다. 최악의 경우 과로사할 수도 있다. 용균은 λ 파지에게 혹사당한 대장균이 과로사한 것으로 이해하면 된다.

λ 파지가 대장균 K 균주를 감염시키면 용균이 일어난다. K 균주는 일반 대장균이므로 이것은 예측 가능한 사태. 다음으로 λ 파지는 대장균 R 균주를 감염시킨다. 그런데 놀랍게도 R 균주에서는 용균이 일어나지 않았다! 왜

냐하면 대장균 R 균주는 침입한 λ 파지의 증식을 막고 λ 파지를 죽였기 때문이다(자료1-10c).

어떤 원리로 R 균주가 λ 파지를 죽인 걸까? R 균주는 특별한 효소를 만드는데 그것을 제한효소라고 한다. 제한효소는 침입한 λ 파지의 DNA를 잘라 버림으로써 대장균을 지킨다.

당연히 제한효소를 합성하라고 지시하는 유전자도 R 균주에서 발견되었다. 놀랍게도 염색체가 아니라, 약제내성유전자가 있는 플라스미드에서 말이다.

대장균의 플라스미드에는 약제내성유전자, 제한효소 합성을 지시하는 유전자가 있다. 약제내성유전자는 항생물질의 공격으로부터 몸을 지키는 데 쓰이고, 제한효소는 박테리오파지의 침략을 방어하는 데 쓰인다. 대장균 같은 박테리아가 험난한 세상에서 살아남기 위한 무기들이다. 박테리아조차 살아남기 위해 필사적으로 싸운다.

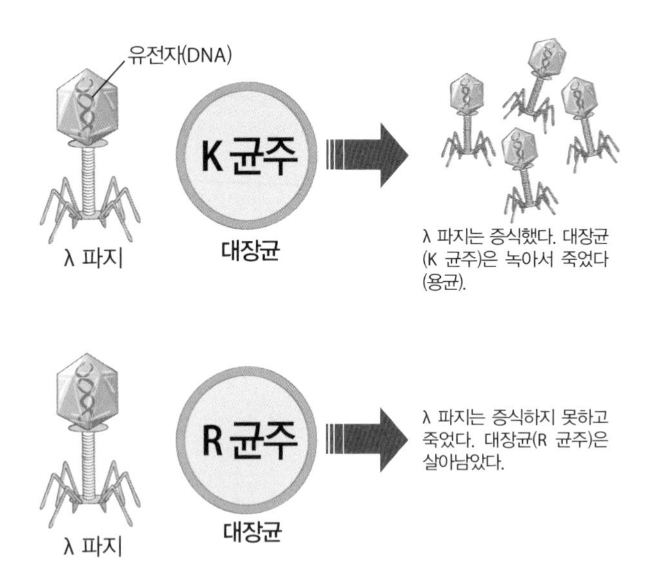

자료1-10c **대장균과 λ 파지의 싸움**

제한효소는 어떻게 λ 파지의 DNA를 잘라 버리는 걸까? 그 원리를 알고 싶으면 제한효소를 충분히 모아야 한다. 1972년 보이어는 대장균(R 균주)을 대량으로 배양하여 제한효소를 추출하는 데 성공했다. 대장균(E.coli) 중에서도 R 균주에서 발견했고, 최초로 발견되었으므로 1번. 그리하여 이 제한효소의 이름은 EcoRI(이코알원)이 되었다.

EcoRI에 겹가닥 DNA를 섞자 역시나 DNA 사슬이 끊겼다. 그런데 DNA가 염기 단위로 하나하나 토막나는 것이 아니라 몇 개의 단편을 관찰할 수 있었다. 이 단편의 염기서열을 연구한 결과, DNA는 항상 정해진 부분에서 일정한 패턴으로 끊긴다는 사실을 발견했다.

여기서부터는 40쪽 자료1-11a를 보면서 읽으면 좋겠다. 가장 위의 (1)을 보자. 윗가닥과 아랫가닥을 화살표(읽는 방향)를 따라 읽으면 둘 다 GAATTC다. 이를 회문(팰린드롬) 구조라고 한다. 이 DNA 사슬은 제한효소에 의해 G와 A(혹은 A와 G) 사이에서 끊긴다.

DNA의 회문 구조는 Radar(레이더)나 Race car(레이스 카)와 같은 문자의 회문 구조와 달리 염기의 상보성 때문에 생기는 구조이므로 서로 약간 다르다(41쪽 자료1-11b). 하지만 '어느 가닥에서 읽어도 똑같은 서열'이라는 점을 이해하는 데는 도움이 될 것이다.

어떤 생물의 DNA든 GAATTC라는 염기서열만 있으면 반드시 EcoRI에 잘린다. 이로써 우리는 DNA를 자르는 가위를 손에 넣었다.

EcoRI에 이어 BamHI(밤에이치원), HaeⅢ(하애쓰리), PstI(피에스티원) 같은 제한효소도 잇따라 발견되었다. 그것들도 어느 미생물에서 추출되었느냐에 따라 이름이 지어졌다. 이를테면 BamHI은 간균속의 박테리아에서, HaeⅢ는 헤모필루스속의 박테리아에서, PstI은 프로비덴시아속의 박테리아

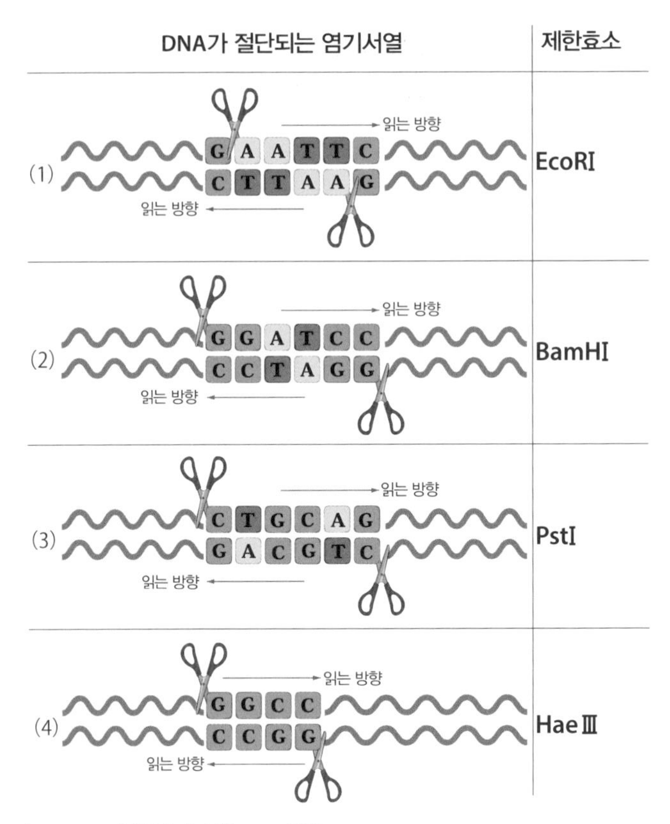

자료1-11a **제한효소에 의한 DNA 절단**

에서 채취된 것이다.

제한효소는 염기서열 안의 특별한 배열을 발견해 자른다. 예를 들면 EcoRI은 GAATTC, BamHI은 GGATCC, HpaI은 GTTAAC라는 6글자를 찾아 신속하게 자른다. 이미 눈치챘겠지만 GAATTC, GGATCC, GTTAAC는 모두 회문 구조다.

그와 별도로 1967년에 겔러트, 리먼, 리처드슨, 후르비츠 연구소가 서로 독립적으로 겹가닥 DNA에서 절단된 부분을 찾아 '붙이는' DNA 연결효소를 발견했다.

우리는 제한효소라는 가위와 DNA 연결효소라는 풀을 입수한 셈이다. 가위와 풀이 있으면 아이들은 미술 시간에 원하는 모양으로 마분지를 자르고 붙여 집을 세우고 길을 내고 사람을 만들 수 있다. 요컨대 즐거운 공작놀이를 할 수 있다.

마찬가지로 제한효소와 DNA 연결효소가 있으면 우리는 DNA를 조각 내어 다른 생물의 DNA 조각과 딱 붙일 수 있다. 이것이 유전자 변형 기술이다.

Radar
기러기
오른쪽부터 읽든 왼쪽부터 읽든 완전히 똑같은 말을 팰린드롬이라고 하는구나.

자료1–11b 팰린드롬이란 무엇인가

1973년 보이어와 코언은 DNA를 절단하는 제한효소와 DNA 단편을 맞붙이는 DNA 연결효소를 이용해 원하는 DNA를 만들었다.

그들은 제한효소라는 가위와 DNA 연결효소라는 풀을 이용해 자연에서는 결코 생기지 않을 새로운 DNA를 만든 것이다. 이것이 유전자 변형 기술이다.

유전공학의 창시자라고도 할 수 있는 두 사람에게 아직 노벨상이 수여되지 않은 것은 노벨상의 수수께끼 중 하나다. 그 이유로서 과학자들 사이에 도는 소문은 1976년 보이어가 로버트 스완슨과 함께 제넨테크 사(세계 최초의 바이오기업으로 일컬어진다. -옮긴이)를 공동 설립해 큰 부자가 되었고, 상업적 행보를 못마땅하게 여긴 스웨덴의 노벨위원회가 상을 주지 않았다는 것.

그래도 1996년 보이어는 코언과 함께 MIT(매사추세츠공과대학교)로부터 유례없는 발명자에게 시상하는 레멀슨상을 받았고 상금 50만 달러를 나눠 가졌다. 다만 코언은 보기 드물게 바이오기업과 무관한 학자다.

한편 2009년 3월 제넨테크 사는 468억 달러에 로슈 사(스위스의 제약 기업. -옮긴이)에 매각되었다.

다시 본론으로 돌아오자. 유전자 변형 기술의 대단한 점은 한 생물의 DNA와 다른 생물의 DNA를 이을 수 있다는 것이다. 그러므로 어떤 의미에서는 이 기술로 종의 장벽을 뛰어넘을 수 있다. 그런데 종의 장벽이란 무엇일까?

지구에는 대장균이나 납두균(콩을 발효시켜 청국장이나 낫토를 만드는 데 쓰이는 균. -옮긴이)처럼 단 하나의 세포로 구성된 단세포생물이 있는가

하면, 개나 원숭이 혹은 인간 등의 포유동물처럼 여러 세포로 구성된 다세포생물도 있다. 여기서 유전자(DNA)가 개는 개, 고양이는 고양이, 인간은 인간이 되도록 한다.

따라서 개는 개를 낳고 고양이는 고양이를 낳고 인간은 인간을 낳는다. 개는 개와 교배하고 고양이는 고양이와 교배한다. 그러나 고양이와 개가 교배하는 일은 없다. 자연에서는 다른 종의 생물끼리 교배하지 않는다. 이것을 종의 장벽이라고 한다.

자연에서는 이종 생물 간의 교배가 일어나지 않는다. 하지만 인공적으로는 가능하지 않을까? 굳이 개와 인간 사이의 아이, 혹은 원숭이와 인간 사이의 아이를 탄생시키려던 것은 아니다. 1970년대의 기술로 포유류 이종 교배는 그저 공상에 불과했다.

그 당시 과학자가 실현될지도 모른다고 믿었던 기술은 미생물을 이용해 인간 단백질을 만드는 것이었다. 그 믿음의 근거는 (1) 유전을 결정하는 물질은 DNA라는 것, (2) DNA에 쓰인 설계도를 아미노산으로 바꾸는 코돈표는 모든 생물에 공통될 뿐만 아니라 이미 해독되었다는 것 등이다.

그 작업이 단순한 꿈이 아니라 실현 가능함을 증명하려면 성공 사례가 필요했다. 1-14에서 설명하겠지만 그런 이유로 대장균을 이용해 성장 억제 호르몬(somatostatin)이라는 호르몬을 생산하는 연구가 시작되었다.

1 13 유전자 변형 기술이란 무엇인가

여기서는 유전자 변형 기술을 소개하겠다(자료1-13a). 우선 플라스미드를 준비한다. 가장 유명한 플라스미드는 pBR322인데 4362개의 염기쌍으로 이루어져 있다.

플라스미드에는 유전자를 실어 나르는 성질과 박테리아 안에서 계속 증식하는 성질이 있다. 그 성질을 이용하면 필요한 유전자를 플라스미드에 실어(재조합 플라스미드 제작) 다른 생물의 세포로 옮긴 후 이를 잇따라 증식시킬 수 있다. 플라스미드는 재조합 DNA를 만드는 데 절대 빼놓을 수 없는 도구인 셈이다.

플라스미드에 제한효소를 더하면 절단이 일어나 고리 모양이었던 플라스미드가 직선 모양이 된다. 이제 플라스미드를 자른 것과 같은 제한효소를 이용해 재조합하고자 하는 DNA를 절단한다. 직선 모양이 된 플라스미드와 방금 자른 DNA를 섞으면 다시 고리 모양의 플라스미드가 된다.

다시 고리가 되었으나 이 재조합 플라스미드에는 아직 이음매가 남아 있다. 이음매를 붙이는 것은 풀 역할을 하는 DNA 연결효소다. DNA 연결효소를 더하면 완전한 재조합 플라스미드가 완성된다.

다음은 재조합 플라스미드를 대장균에 넣는 단계다. 그러기 위해서는 재조합 플라스미드를 대장균과 섞고 인산칼슘을 첨가하면 된다. 칼슘 때문에 세포벽이 약해져 구멍이 생기면 재조합 플라스미드가 균 내부에 침입한다. 균에 들어간 재조합 플라스미드는 대장균과 함께 약 20분에 2배꼴로 증식한다.

물론 대장균 중에는 변형되지 않은(플라스미드가 들어가지 않은) 것도 있다. 그럼 변형된 것과 변형되지 않은 것을 어떻게 구분할까? 간단하다. 일반 대장균은 플라스미드가 없으므로 항생물질을 넣으면 알아서 죽는다.

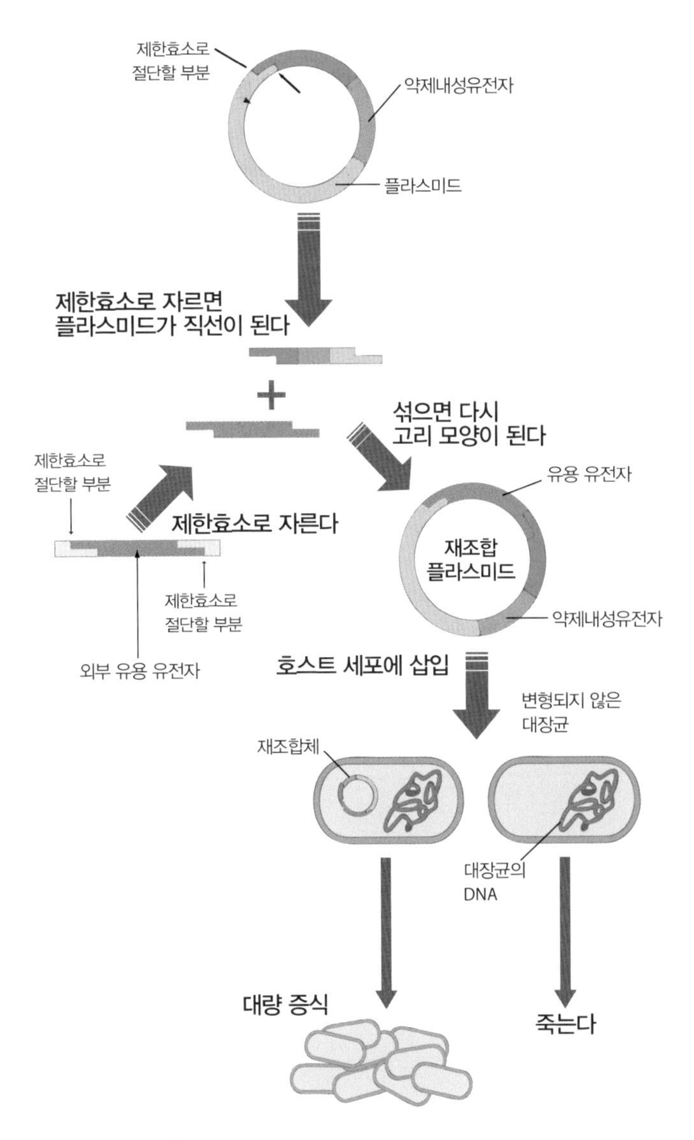

자료1-13a 유전자 변형 기술의 큰 그림

반면 변형이 일어난 대장균에는 플라스미드가 있고 거기에는 약제내성 유전자가 있기에 항생물질이 있는 환경에서도 잇따라 증식할 수 있다. 그리하여 변형이 일어난 대장균만 늘어난다.

평소에는 플라스미드의 약제내성유전자 때문에 항생물질이 듣지 않아 박테리아의 쓴맛을 보는 우리지만, 유전자 변형 실험에서는 플라스미드를 잘 활용해 박테리아의 의표를 찌른다.

1
14
미생물을 이용해 유용한 단백질을
만들다

DNA는 세포 안에서 어떤 단백질을 만들어야 하는지 지시한다. DNA에 쓰인 정보에 따라 단백질이 만들어지는 과정은 어떤 생물이든 다르지 않다. 그러므로 어떤 미생물의 염색체나 플라스미드 안에 다른 생물의 유전자나 인공적으로 합성한 유전자를 심으면 미생물은 이 외부 유전자의 정보에 따라 단백질을 만들 것이라는 가설을 세울 수 있다.

그런데 정말 가설대로 될까? 유전자가 제대로 작동해서 단백질이 생기는 것을 발현이라고 하므로, 이 가설을 전문가의 말로 고치면 이렇게 된다. "외부 유전자가 대장균에서 발현될까?"

이 가설은 곧 증명되었다. 종의 장벽을 뛰어넘어 유전자를 작동시킨 최초의 사례가 대장균을 이용해 인간 호르몬인 성장 억제 호르몬을 만든 연구다. 성장 억제 호르몬은 14개의 아미노산으로 이루어진 작은 단백질로 뇌의 시상하부에서 방출된다. 췌장과 뇌하수체에서 각각 인슐린과 성장 호르몬이 분비되는 것을 막는 효과가 있다.

1977년 시티 오브 호프 연구소의 아서 리그스와 이타쿠라 게이치는 DNA의 화학 합성 기술과 유전자 변형 기술을 이용해서 대장균이 성장 억제 호르몬을 만들게 했다.

그 당시 성장 억제 호르몬의 아미노산 서열은 알고 있었지만, DNA 염기서열까지는 알려지지 않았다. 따라서 그들은 코돈표를 이용해 성장 억제 호르몬의 아미노산 서열에 대응하는 DNA를 디자인하고 화학적으로 합성했다.

이렇게 합성한 DNA를 β-갈락토시데이스라는 효소를 만드는 유전자와 잇고, 플라스미드(pBR322)에 넣어 재조합 DNA를 만들었다(48쪽 자료 1-14a). 이렇게 만들어진 DNA를 대장균 속에 넣어 배양했다.

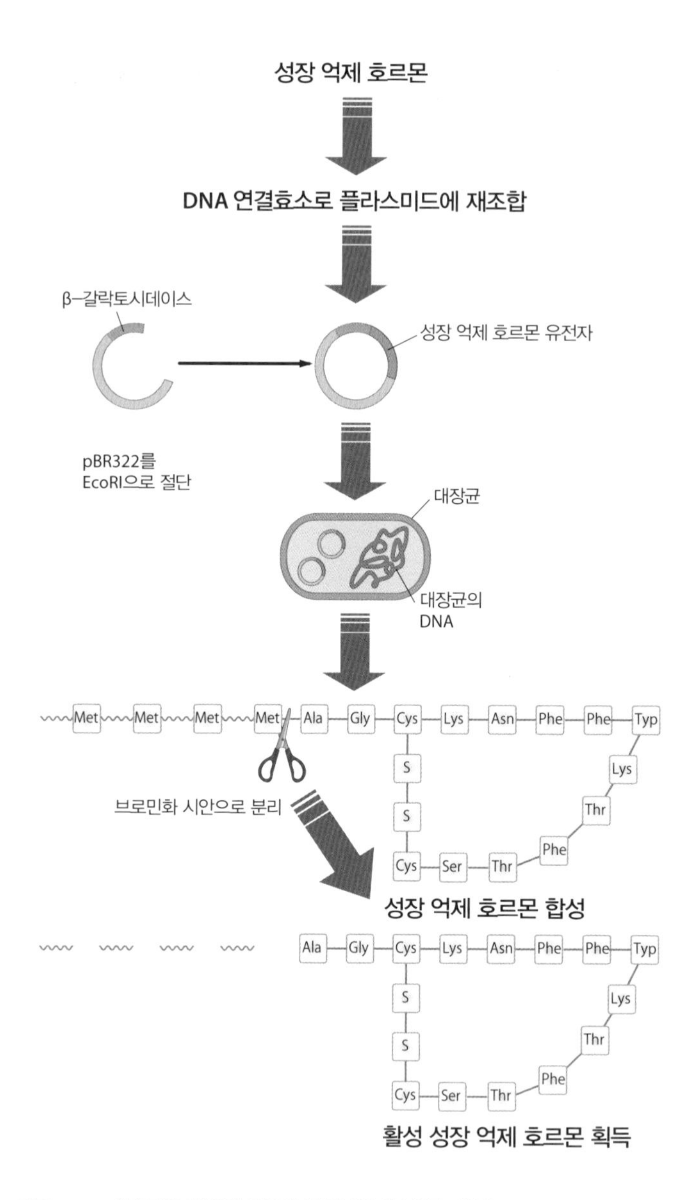

자료1–14a **대장균을 이용해 유용한 단백질을 합성하는 방법**

대장균은 재조합된 DNA의 명령에 따라 단백질을 합성한다. 우선 β-갈락토시데이스를 합성한 후, 이어서 외부 성장 억제 호르몬 유전자가 지시하는 성장 억제 호르몬을 만든다. 이 단계에서는 β-갈락토시데이스와 성장 억제 호르몬이 이어져 있어 성장 억제 호르몬이 생물활성을 보이지 않는다. 따라서 여기에 브로민화 시안(단백질을 절단하는 시약으로 사용되는 대표적인 물질이다. 화학식은 BrCN. -옮긴이)을 더해 두 단백질을 분리함으로써 최종적으로 성장 억제 호르몬을 얻을 수 있었다.

이 연구의 성공으로부터 2년 후인 1979년, 같은 방법으로 합성 인슐린 유전자를 대장균에 넣어 인슐린을 만드는 데 성공했으며, 마찬가지로 합성 성장 호르몬 유전자를 대장균에 넣어 소인증 치료약인 성장 호르몬을 만드는 데 성공했다. 이로써 합성 DNA와 미생물을 이용해 유용한 단백질을 합성하는 방법이 확립됐다.

1-15 유전자의 운반책으로 일하는 벡터

앞서 말했듯 유전자가 전사 · 번역되어 단백질이 합성되는 것을 발현이라고 한다. 따라서 DNA 클로닝의 목적은 어떤 생물의 유전자를 다른 생물의 세포에서 발현시키는 것이라고 할 수 있다.

DNA 클로닝에 성공하려면 유전자를 자르고 붙이는 효소 외에도 외부 유전자를 세포로 나르는 '운반책'이 필요하다. 이 운반책을 벡터라고 한다. 대장균을 이용해 유용한 단백질을 만들 때 플라스미드가 유능한 벡터로 기능한다는 것은 앞에서 설명했다.

원래 벡터는 방향이나 진로라는 의미다. 그 점에 착안해 유전공학에서는 외부 유전자를 목적지로 나르는 수단을 벡터라고 부르게 되었다.

벡터라는 용어는 의학에서도 쓰인다. 감염증은 병원체가 일으키는 질병인데 사실 병원체는 작은 생물들이 나른다. 그들을 벡터라고 부른다(자료 1-15a). 예를 들어 말라리아의 원인이 되는 말라리아원충은 학질모기, 식중독의 원인이 되는 살모넬라균은 쥐가 나르는데 이때 학질모기와 쥐가 벡터다.

무엇이 됐든 운반책은 모두 벡터다. 예컨대 일본에서 로스앤젤레스에 놀러 가려면 우선 나리타에서 로스앤젤레스행 비행기에 타야 한다. 여기서 우리를 나리타에서 로스앤젤레스로 실어 나르는 비행기가 벡터다. 비행기뿐만 아니라 버스, 전철, 택시 같은 탈것 모두가 벡터다.

유전공학에서 외부 유전자를 대장균에 넣을 때는 주로 플라스미드와 λ 파지를 이용한다.

한편 외부 유전자를 동물세포에 넣는 방법은 크게 세 가지다. (1) 외부 유전자를 그대로 넣는다, (2) 미세주입법(microinjection)을 이용한다, (3) 레트로바이러스에게 나르게 한다(52쪽 자료1-15b).

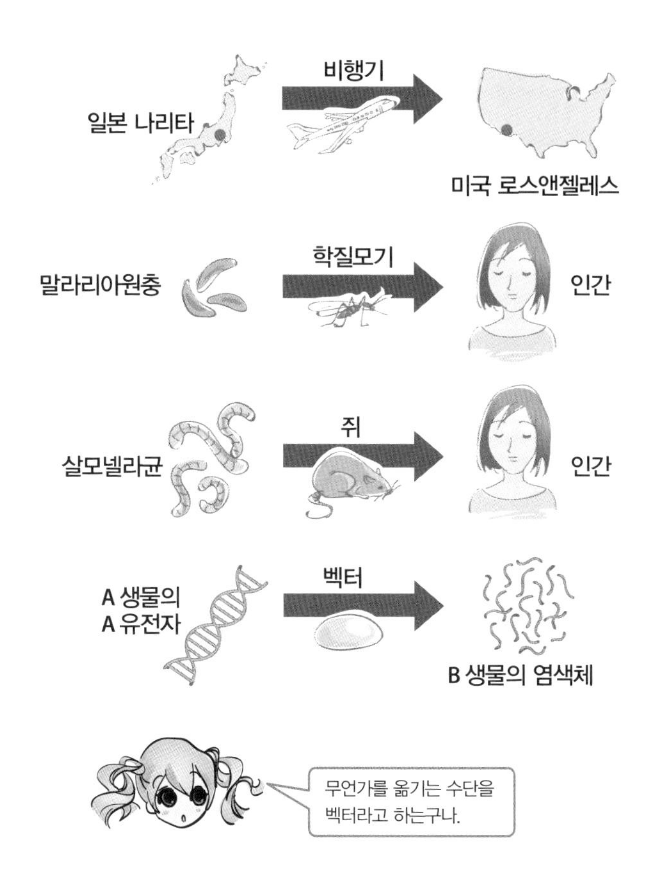

자료1-15a **여러 가지 벡터**

외부 유전자를 그대로 동물세포에 넣는 방법은 간단하다. 인산칼슘을 외부 유전자에 넣은 다음 침전된 유전자를 동물세포와 섞기만 하면 된다. 그러면 아주 적은 비율이지만 침전된 외부 유전자를 자신의 안으로 끌어들이는 세포가 생긴다. 이렇게 세포 안으로 들어간 유전자들 중 몇 개는 세포의 염색체에 편입된다. 이 방법은 효율이 낮지만 조작이 간단해서 자주 이용된다.

미세주입법이란 직경 0.1미크론(1밀리미터의 1만 분의 1)의 매우 가느다란 마이크로피펫(극세 모세관)을 이용해 현미경으로 들여다보면서 세포핵 안에 직접 외부 유전자를 넣는 방법이다. 그러면 핵 안에 확실히 유전자가 들어간다. 물론 이 기술을 터득하는 데는 연습이 필요하다. 이 기술에 숙련된 과학자라면 시간당 수백 개의 세포에 유전자를 넣을 수 있다. 이 방법으로 생쥐의 세포에 유전자를 주입하자 약 2퍼센트 가량의 세포에 새로운 유전자가 성공적으로 들어갔음이 확인된 사례가 있다.

레트로바이러스를 이용하는 것은 외부 유전자를 동물세포에 주입하는 가장 효율적인 방법이다.

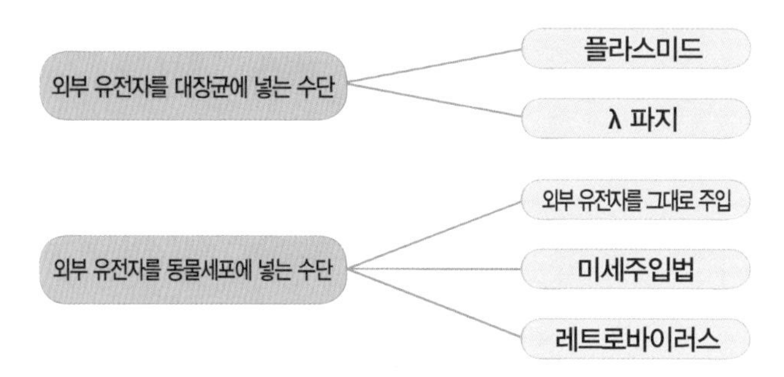

자료1-15b 외부 유전자를 대장균이나 동물세포에 넣는 방법

1
16

λ 파지가 편리한 벡터인 이유

λ 파지는 벡터로 자주 이용된다. 제한효소 EcoRI의 발견을 다룬 꼭지(1-10)에서 간단히 이야기했듯이, λ 파지는 대장균을 감염시키는 박테리오파지 중 하나다.

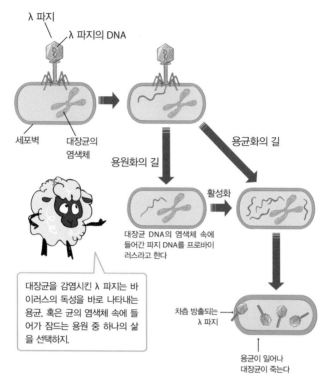

54쪽의 자료 1-16a를 보자. 대장균을 감염시킨 λ 파지는 호스트 세포를 신속하게 죽이는 용균화와 호스트의 일부가 되는 용원화 중 하나의 삶을 선택한다.

첫째, 용균화는 바이러스의 성질이 신속하게 발휘되는 것이다. 감염을 일으킨 λ 파지의 DNA가 곧바로 작동해서 단백질이 만들어지고 새로운 파지가 생긴다. 이때 호스트 세포는 녹아 죽는 반면 바이러스는 약 100개나 탄생한다.

둘째, 용원화는 λ 파지 DNA가 호스트 세포의 염색체에 들어가 마치 세포의 일부분인 양 행세하는 것이다. 이처럼 염색체의 일부가 된 파지 DNA를 프로바이러스라고 한다.

λ 파지의 DNA는 염색체와 함께 몇 세대에 걸쳐 복제되지만 호스트 세포에 λ 파지 단백질을 생산하라고 강요하지는 않는다. 따라서 프로바이러스는 세포에 무해하다.

그러나 λ 파지 DNA가 마냥 프로바이러스로 있는 것은 아니고 환경이 바뀌면 활성화한다. 다시 말해 어느 시점까지는 잠들어 있다가 어느 날 갑자기 눈을 떠 복제, 전사, 번역을 시작한다. λ 파지는 대량으로 복제되므로 벡터로 안성맞춤이다.

λ 파지 DNA의 길이는 약 4만 8,000개 염기쌍 정도로, 세포를 감염시켜 복제를 일으키는 데는 이렇게 긴 DNA가 필요하지 않다. 따라서 특정 부분을 외부 DNA로 대체할 수 있다.

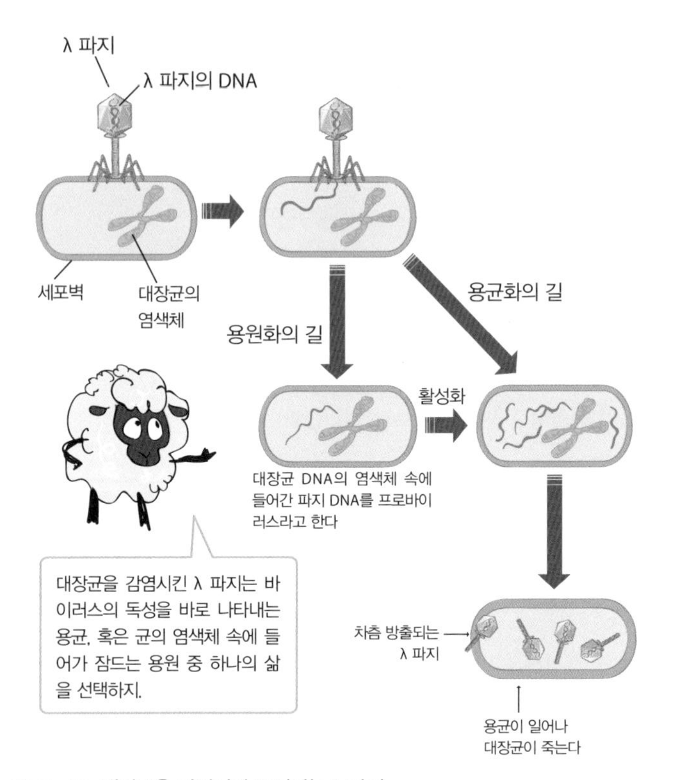
λ 파지
λ 파지의 DNA
세포벽
대장균의
염색체
용원화의 길
용균화의 길
활성화
대장균 DNA의 염색체 속에
들어간 파지 DNA를 프로바이
러스라고 한다
대장균을 감염시킨 λ 파지는 바이러스의 독성을 바로 나타내는 용균, 혹은 균의 염색체 속에 들어가 잠드는 용원 중 하나의 삶을 선택하지.
차츰 방출되는
λ 파지
용균이 일어나
대장균이 죽는다

자료1-16a **대장균을 감염시켜 증식하는 λ 파지**

이쯤에서 DNA 클로닝을 위해 제작된 변이 λ 파지를 소개하겠다(자료 1-16b).

우선 λ 파지의 DNA와 제한효소를 섞어 (1), (2), (3)으로 3등분한다. 단편 (1)과 (3)의 길이를 합하면 3만 4,560 염기쌍이 된다. 그 길이는 정상 λ 파지의 72퍼센트인데 너무 짧아서 살아남을 수 없다. 물론 이보다 더 짧은 단편 (2)도 살아남을 수 없다.

이때 단편 (1)과 (3) 사이에 외부 DNA를 넣어 적당히 길이를 늘리면 λ 파지는 살아남을 수 있다.

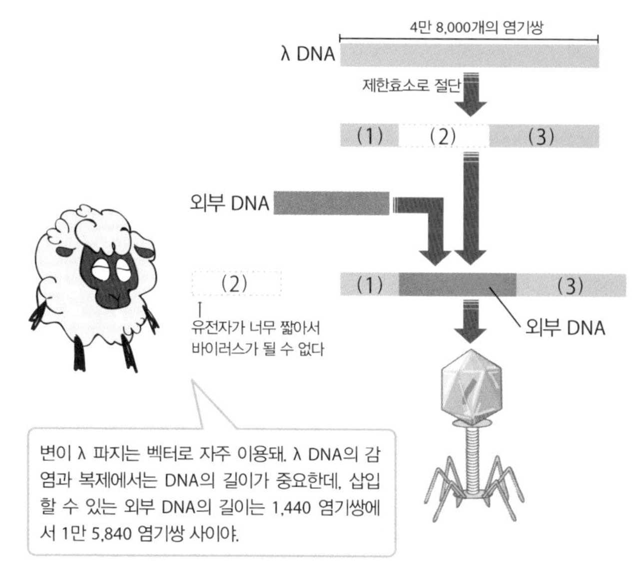

자료1-16b **변이 λ 파지를 만드는 법**

감염과 복제를 일으킬 수 있는 DNA의 길이를 연구했더니 원래 길이의 75~105퍼센트 사이임이 밝혀졌다. 그러므로 외부 DNA의 길이는 최소 1,440 염기쌍 이상이어야 하고, 최대 1만 5,840 염기쌍을 넘을 수 없다.

여기서 벡터로 활약하는 λ 파지의 장점을 꼽자면 다음의 세 가지다.

첫째, 감염을 일으키는 λ 파지는 거의 다 외부 DNA를 나를 능력을 가지고 있다.

둘째, λ 파지는 플라스미드보다 훨씬 효율적으로 박테리아에 침입하여 살아남는다.

셋째, λ 파지는 설령 외부 DNA가 1만 염기쌍 이상이어도 수용할 수 있다(56쪽 자료1-16c).

따라서 긴 외부 DNA를 클로닝할 때는 λ 파지, 짧은 외부 DNA를 클로닝할 때는 플라스미드를 벡터로 쓴다.

	DNA	염기쌍 수	λ 파지 길이 대비 비율	참고
λ 파지	DNA(1)+(2)+(3)	48000	100%	살아남을 수 있다
	DNA(2)	13440	28%	살아남을 수 없다
	DNA(1)+(3)	34560	72%	살아남을 수 없다
변이 λ 파지	외부 DNA A	1440	75%	살아남을 수 있다
	DNA (1)+(3)에 외부 DNA A를 삽입	36000		
변이 λ 파지	외부 DNA B	15840	105%	살아남을 수 있다
	DNA (1)+(3)에 외부 DNA B를 삽입	50400		

λ 파지는 벡터로 쓰기 좋아. 1,440 염기쌍에서 1만 5,840 염기쌍 이내의 외부 DNA를 수용할 수 있기 때문이야.

자료1-16c **λ 파지가 수용할 수 있는 DNA의 크기**

1
17
단백질이나 DNA를
어떻게 분석할까

질병을 진단할 때는 단백질이나 DNA가 이용된다. 그 기초가 되는 것이 해당 물질을 신속히 분리하는 기술이다. 여러 가지 분리 기술이 개발되었으나 여기서는 간편하면서도 신속하게 물질을 분리할 수 있는 전기영동을 소개하겠다.

전기영동이란 물에 적신 젤(한천이나 젤리)에 양전하 혹은 음전하를 띠는 물질을 놓고 직류 전기를 흘려보내면 물질이 양극 또는 음극으로 움직이는 현상이다. 젤 안의 물질이 헤엄치듯 매끄럽게 움직여서 '영동(泳動)'이라는 이름이 붙었다. 젤 안에서의 이동 속도는 물질마다 다르며 그 차이에 따라 전하를 띤 물질이 나뉜다.

그렇다면 전기영동으로 물질을 어떻게 나누는 걸까? 58쪽의 자료들을 보며, DNA를 예시로 그 원리를 알아보자.

각기 길이가 다른 다섯 가지 DNA가 있다(자료1-17a). DNA의 당과 당은 인산다이에스터라는 결합으로 이어져 있어 -1가 전하를 띤다. 따라서 DNA가 외가닥이라면 DNA의 염기쌍 수만큼 음전하를 가질 것이다. 가령 DNA의 길이가 5천이라면 전하의 수도 -5,000이 된다. 만약 이 DNA가 겹가닥이라면 전하의 수는 두 배인 -1만이다. 여기에서는 외가닥 DNA만 살펴보겠다.

물질을 젤에 놓고 직류 전기를 흘려보내면 음전하를 띤 물질은 양극으로, 양전하를 띤 물질은 음극으로 이동한다(자료1-17b). 전기장 속에서 물질이 이동하는 속도는 전하 수에 비례하고 물질 크기에 반비례한다. 그래서 모든 물질이 전기장 속을 같은 속도로 이동한다고 생각할 수 있다. 하지만 사실은 그렇지 않다.

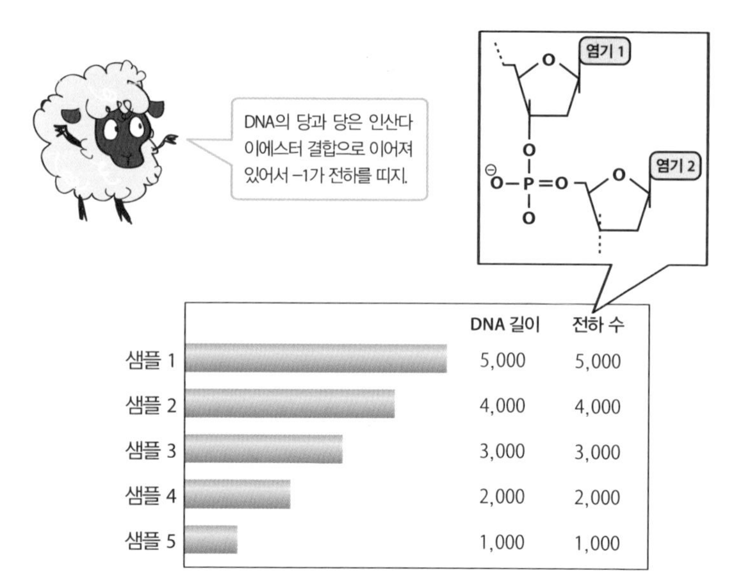

자료1−17a **서로 길이가 다른 5가지 DNA의 전하 수**

자료1−17b **샘플을 젤에 놓는 작업**

이 논의에서는 중요한 점을 하나 잊고 있다. 그것은 DNA가 젤이라는 그물눈을 지나 이동한다는 사실이다. 따라서 그물눈의 크기가 일정하다면 몸집이 작은 DNA가 큰 DNA보다 빨리 통과한다. 그러므로 DNA의 크기를 기준 삼아 구분해 분리할 수 있다. 물론 겹가닥 DNA도 완전히 같은 원리로 전기영동을 이용해 분리할 수 있다(자료1-17c).

전기영동은 단백질 분리에도 응용할 수 있다. 우선 단백질을 SDS(황산도데실 나트륨)라는 계면활성제(비누)로 변성시키고(즉, 입체구조를 무너뜨리고) 젤에 얹으면 DNA와 마찬가지로 크기에 따라 분리된다.

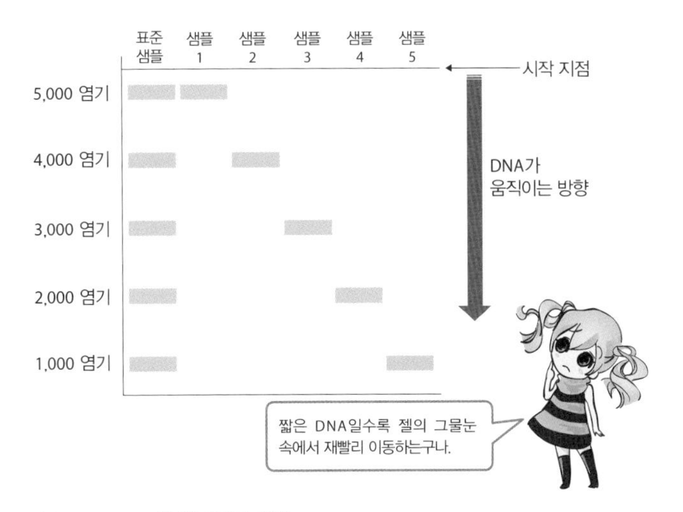

자료1-17c **DNA의 전기영동 패턴**

1-18 옛날에는 DNA 합성이 힘들었다

유용한 단백질을 미생물에게 만들게 하려면 목적 단백질을 지정하는 유전자를 입수해야 한다. 이 유전자를 어디서 입수하면 좋을까? 첫 번째 방법은 동물이나 식물에서 천연 유전자를 가져와 이용하는 것이다.

두 번째 방법은 우리가 앞에서 살펴본 성장 억제 호르몬, 인슐린, 성장 호르몬과 마찬가지로 단백질을 합성하는 DNA를 화학적으로 만드는 것. 요컨대 정해진 염기서열대로 DNA를 화학적으로 합성하는 방법이다.

DNA의 화학 합성 기술이 어떻게 진보해 왔는지 간단히 소개하겠다.

DNA는 염기, 당, 인산을 한 단위로 하여 여러 단위체가 일렬로 이어져 있으므로 DNA를 합성하고 싶으면 단위체와 단위체를 이어 나가면 된다. 늘 그렇듯 이야기 자체는 매우 간단하다. 하지만 막상 해 보면 마음대로 되지 않는다. 다음의 네 가지 이유 때문이다.

첫째, DNA를 구성하는 염기, 디옥시리보스(당), 인산 모두 화학반응을 일으키기 쉽기 때문이다. 비유하자면 이것들은 혈기 왕성한 집단 같은 것으로, 내버려 두면 금세 싸움을 벌여 화학반응을 일으키고 만다. 그러므로 화학반응을 원하는 부분을 뺀 모든 부분을 프로텍터로 미리 보호해야 한다. 이것이 DNA 합성이 어려운 이유 중 하나다.

가령 DNA의 단위체 1과 단위체 2를 잇는다고 치자(자료1-18a). 단위체 1의 하이드록시기(-OH)와 단위체 2의 인산이 만나 물(H_2O)이 빠져나가고 단위체 1의 산소 원자와 단위체 2의 인 원자가 결합한다. 2개의 단위체가 붙어 커플이 되므로 이 화학반응을 커플링이라고 한다. 화학반응이 일어나는 곳은 단위체 안에서 이 한 곳뿐이어야 하므로 반응하기 쉬운 다른 부분을 프로텍터로 보호해서 반응을 막는다.

둘째, 커플링이 100퍼센트 진행되지 않는다. 따라서 단위체를 이으면 합

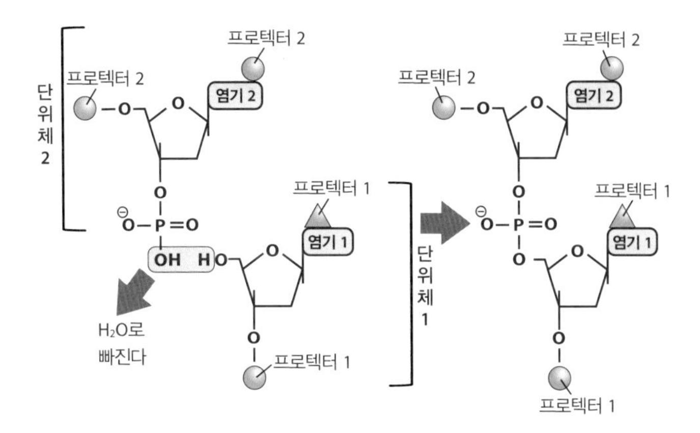

DNA 합성이 어려운 이유
- 당과 염기를 보호하지 않으면 분자끼리 엉켜 버린다
- 목적 물질을 부산물과 분리하기가 까다롭다
- 목적 물질이 물에만 녹아 대량 생산이 힘들다

자료1-18a **DNA를 만드는 법 1**

성하고 남은 부산물이 생긴다.

셋째, 목적 DNA가 유기용매에는 녹지 않고 물에만, 그것도 아주 조금만 녹는다. DNA의 인 원자에 붙은 산소 원자만 -1가 전하를 띠기 때문. 심지어 유기용매에도 녹지 않으니 대량 생산이 잘 되지 않아 난감한 노릇이다.

넷째, 화학반응을 용액 안에서 일으켰기에 반응이 끝날 때마다 목적 물질을 분리해야 한다. 분리는 화학 연구를 할 때 가장 수고로운 작업인데, 분리하지 않고는 한 발짝도 나아갈 수 없으니 진행이 더딜 수밖에 없다.

애로사항이 이렇게 많다 보니 1960년대에는 단위체 10개를 이은 DNA를 만드는 것조차 쉽지 않았다. 박사 연구원이 아침부터 밤까지 죽어라 매달려도 약 반 년이라는 시간이 걸렸다.

그런데 이제 화학자로서 전혀 훈련을 받지 않은 일반인도 그 정도는 30분이면 뚝딱 만들 수 있다!

대체 어떻게 된 일일까?

1-19 이것이 최신 DNA 합성 기술이다

1960년대에 DNA 합성은 그야말로 중노동이었다. 그런데 1980년대 들어 단번에 간단한 작업이 되었다. 이유가 무엇일까? 화학자는 DNA 합성을 방해하는 네 가지 문제를 하나씩 해소해 나갔다.

첫 번째는 염기, 당, 인산을 보호하는 프로텍터가 문제였다. 이것은 자유자재로 붙였다 떼었다 할 수 있는 고성능 프로텍터를 개발해 해결했다.

두 번째 문제는 커플링이 100퍼센트 가까이 진행되는 꿈의 시약을 발명해 해결했다.

세 번째 문제는 목적물의 인 원자에 붙은 산소 원자가 -1가여서 잘 녹지 않는다는 것이었는데, 물에는 녹지 않고 유기용매에는 간단히 녹을 수 있게 산소 원자를 음전하도 양전하도 띠지 않는 0가로 만듦으로써 대량 생산을 가능하게 했다.

네 번째 문제는 화학반응이 용액 속에서 이루어져 분리가 수고롭다는 것이었는데 목적 물질을 유리 및 건조제 성분인 실리카 젤에 고정해서 해결했다. 그러면 목적 물질이 고체에 붙어 있기에, 분리할 때 여분의 시약을 씻어 내기만 하면 되므로 더는 수고롭지 않다.

다음 63쪽 자료는 최신 DNA 합성법을 나타낸다(자료1-19a). 이 합성법은 3단계로 이루어져 있다. 1단계는 실리카젤에 붙은 단위체 1의 프로텍터 1을 떼는 작업이다. 이것과 단위체 2를 커플링하는 것이 2단계. 그리고 3단계에서는 아이오딘과 물을 이용해 인 원자에 산소 원자를 붙인다. 1~3단계를 필요한 횟수만큼 반복하면 DNA 사슬이 실리카 젤 위에서 완성된다.

실리카 젤에 엮이고 프로텍터가 붙은 DNA 사슬로는 유전자 변형 실험을 할 수 없다. 그러므로 암모니아를 더해 실리카 젤에서 DNA를 분리하고, 모든 프로텍터를 뗀다. 그러면 DNA가 완성된다.

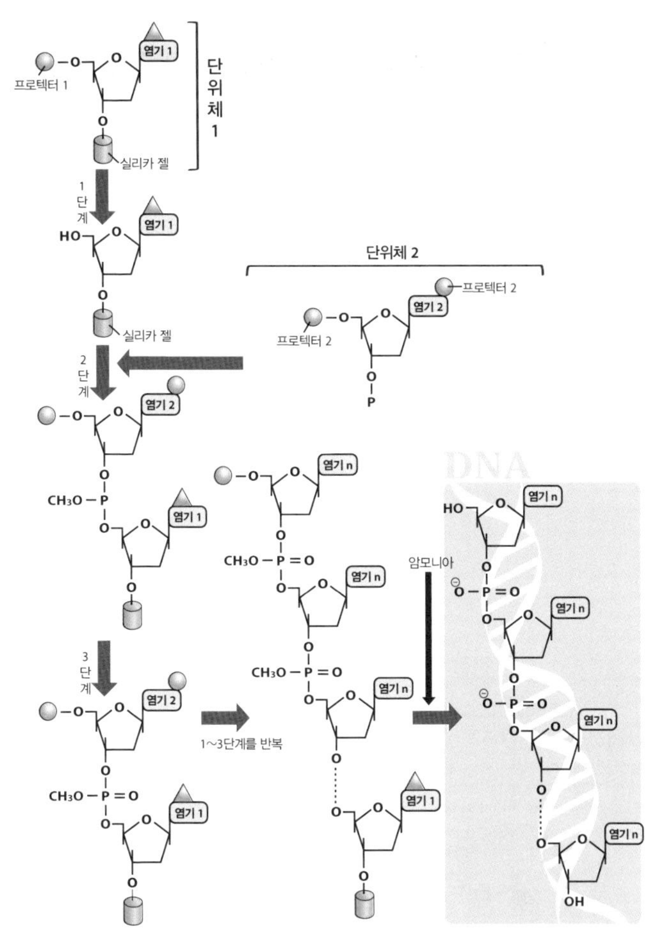

자료1-19a **DNA를 만드는 법 2**

지금은 DNA 합성 기계가 시판되고 있다. 그것만 있으면 화학 지식이 전혀 없어도 A, G, C, T라는 글자를 입력할 줄만 알면 누구든지 원하는 DNA를 간단히 만들 수 있다.

과학 진보의 대단함을 실감한다.

전령 RNA를 성숙시켜야 한다고?

지금까지는 DNA에서 전사된 전령 RNA가 리보솜으로 이동한 뒤 그대로 번역되어 단백질이 생기는 원리를 설명했다. 너무 단순한 것 같지만, 대장균이나 살모넬라균 등 원핵세포(핵이 없는 세포)를 가진 단세포생물의 경우 이렇게 전사 · 번역이 이루어진다(자료1–20a).

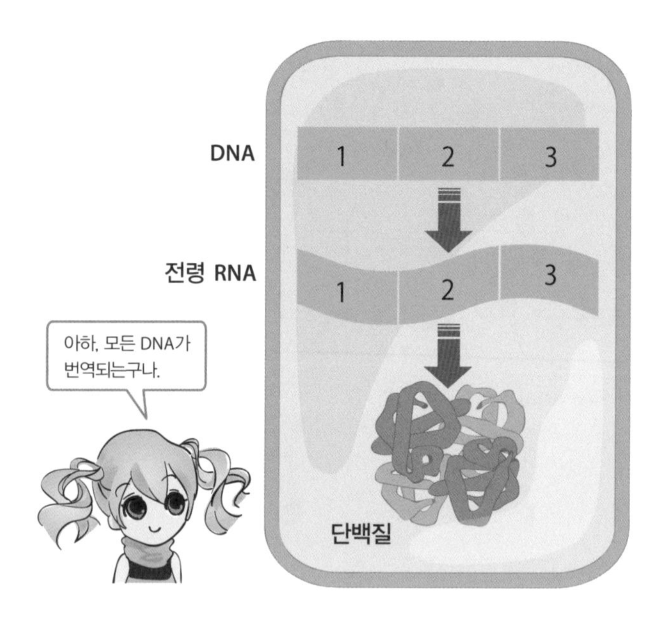

자료1–20a 대장균 등 핵이 없는 단세포생물에서의 유전정보 흐름

인간이나 동물 등 다세포생물도 단세포생물과 같거나 비슷한 원리로 전사 · 번역이 이루어진다고 여겨져 왔다. 그런데 동물의 진핵세포(막으로 둘

러싸인 핵이 있는 세포)를 관찰하던 도중 DNA의 놀라운 눈속임이 발견되었다. 진핵세포의 DNA에 유전자로 번역되지 않는 부분이 있었던 것이다. 그 이용되지 않는 부분을 인트론, 이용되어 단백질로 번역되는 부분을 엑손이라고 한다. 이 발견으로 인해 진핵세포의 유전은 원핵세포만큼 단순하지 않음이 밝혀졌다.

DNA에는 불필요한 부분이 조금 있어도 된다. 차를 몰 때도 조금 여유 부리거나 휴식을 취할 수 있으니까. 하지만 그리 간단히 넘길 문제가 아니다. 왜냐하면 인트론이 DNA의 98.7퍼센트를 차지하기 때문이다. 실제 유전자로 이용되는 DNA는 고작 1.3퍼센트밖에 안 되므로 거의 휴식뿐인 상태다.

이 1.3퍼센트의 DNA가 단백질과 관련된 유전자, 즉 단백질을 언제 얼마나 만들고 만들지 않을지 명령하는 유전자다. 프로모터 내지 오퍼레이터라고 부른다. 그럼 그 외 다수인 98.7퍼센트의 DNA는 무엇을 할까? 그저 정크, 즉 쓸모 없는 폐물이라는 설도 있지만 인간의 진화에 관여한다는 설도 있다.

앞서 말했듯 인간, 개, 고양이 등의 동물세포는 진핵세포다. 진핵세포의 핵 속에는 유전자가 있을 뿐만 아니라 하나의 유전자는 인트론에 의해 몇 부분으로 나뉘어 있다(66쪽 자료1-20b).

인트론과 엑손이 모두 전사되어 미성숙하고 긴 전령 RNA가 생기는데 이대로 번역되면 제대로 된 단백질이 만들어지지 않는다. 그러므로 미성숙하고 긴 전령 RNA에서 불필요한 인트론을 잘라 낸 뒤 번역에 들어가는 정교한 절차가 마련되어 있다.

미성숙한 전령 RNA에서 인트론을 잘라 성숙한 전령 RNA로 만드는 작업을 가공이라고 한다. 가공하여 완성된 성숙한 전령 RNA는 리보솜으로 이동하여 단백질을 만든다. 이처럼 원핵세포와 진핵세포는 DNA에서 전령 RNA로 넘어가는 과정이 사뭇 다르다.

유전의 원리는 신비의 영역으로 여겨지지만 이처럼 한 장씩 베일을 벗기다 보면 전사와 번역의 원리를 조금씩 이해할 수 있다.

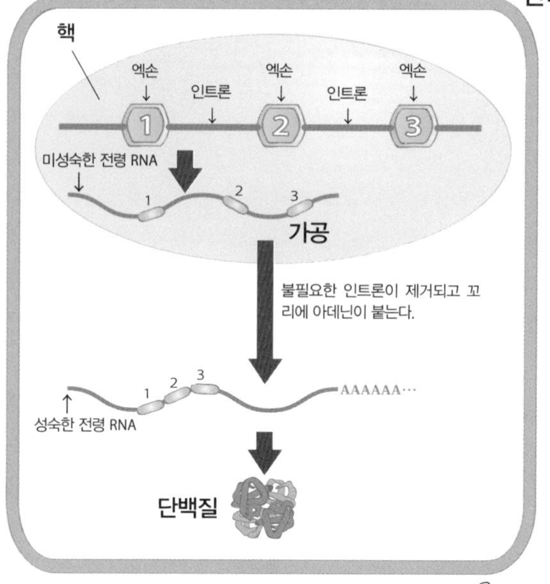

가공은 핵 속에서 이루어지는데 그때 아데닌(A)이 200개 정도 달라붙어. 이렇게 아데닌이 잔뜩 달라붙는 것을 폴리아데닐화(꼬리 붙이기)라고 해. 전령 RNA의 안정에 도움을 준다고 알려져 있어.

자료1-20b **동물세포(진핵세포)에서의 유전정보 흐름**

1-21 인간 유전자를 이용해 단백질을 만들다

대장균을 이용해 유용 단백질을 만들 때, 인간 세포에 있는 DNA를 그대로 대장균에 넣으면 안 된다. 대장균에게는 인트론이라는 군더더기(?) DNA가 존재하지 않아 RNA 가공이 필요 없고, 따라서 그 일을 하는 효소도 없기 때문이다. 그래서 인간 세포에서 채취한 DNA를 대장균에 넣어 전사시키면 기다랗고 미성숙한 전령 RNA가 생긴다. 하지만 가공은 일어나지 않으므로 기대했던 단백질은 생기지 않는다. 요컨대 인트론을 포함한 긴 DNA를 대장균에 넣어 봤자 단백질은 생기지 않는다.

그럼 어떻게 하면 인간 단백질을 대장균에게 만들게 할 수 있을까? 원하는 단백질을 합성하는 염기서열을 미리 알면 합성 DNA를 이용할 수 있다. 하지만 모를 때는 어떻게 할까?

괜찮은 타개책을 찾았다. 인간 세포 안에는 가공을 완료한 성숙한 전령 RNA가 반드시 있으므로 그 물질을 포획하는 것이다. 성숙한 전령 RNA를 이용해 상보적 DNA(cDNA라고 부른다)를 만들면 된다. 그런데 그런 일을 하는 효소가 있을까? 놀랍게도 있었다.

DNA에서 전령 RNA를 만드는 것이 전사다. 거꾸로 전령 RNA에서 겹가닥 DNA를 만드는 것은 전사의 정반대에 해당하기에 역전사라고 한다. 이 과정을 담당하는 효소를 역전사효소라고 한다. 그게 어디 있을까? 바로 레트로바이러스라는, 외가닥 RNA를 유전자로 이용하는 괴짜가 갖고 있다. 이때 레트로는 '거꾸로'라는 의미다. 역전사효소를 가진 바이러스이기에 '레트로'라는 접두어가 붙었다.

여기서는 췌장에서 만들어지는 호르몬인 인슐린을 예로 들어 상보적 DNA의 사용법을 알아보겠다(68쪽 자료1-21a). 췌장 세포를 으깨어 프로인슐린의 전령 RNA를 모은 뒤 역전사효소를 더하면 프로인슐린의 상보적

DNA가 생긴다. 이 상보적 DNA를 제한효소 EcoRI으로 절단해 둔다.

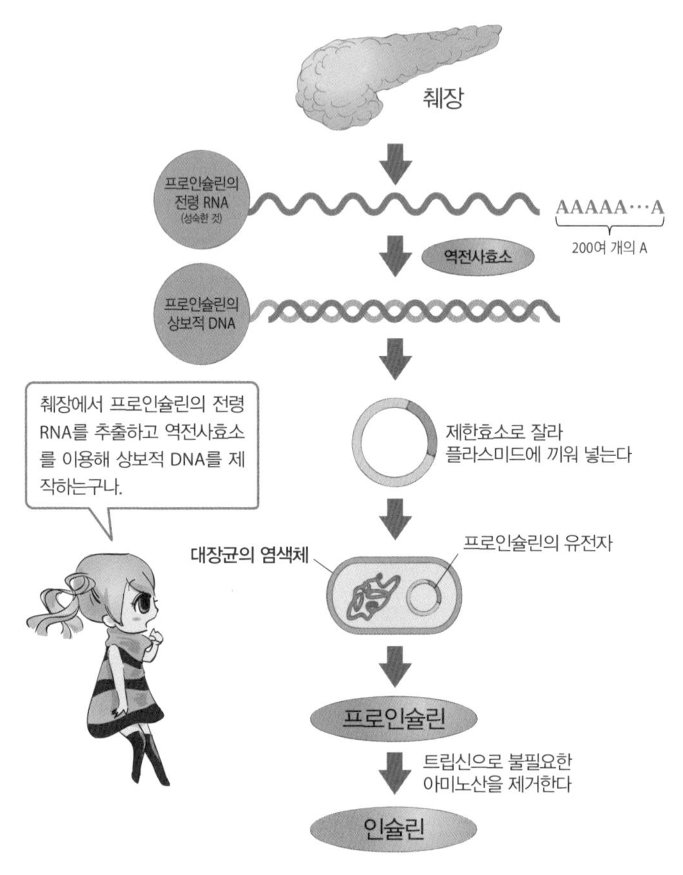

자료1-21a **역전사효소와 박테리아를 이용한 프로인슐린 합성**

별도로 플라스미드도 EcoRI으로 잘라 둔다. 이제 절단된 프로인슐린의 상보적 DNA와 절단된 플라스미드를 섞으면 고리 모양이 된다. 고리에 아직 남아 있는 이음매는 DNA 연결효소를 더해 없앤다. 이로써 재조합 플라스미드가 완성된다.

이렇게 생성된 재조합 플라스미드를 대장균에 넣으면 프로인슐린이 생긴다. 프로인슐린에는 50개의 아미노산으로 이루어진 인슐린 본체 외에도 33개의 아미노산으로 이루어진 불필요한 부분이 붙어 있는데, 트립신이라는 효소로 잘라 낼 수 있다. 이제 진짜 인슐린을 얻게 되었다.

1 22 원하는 DNA를 얼마든지 늘리는 PCR

원하는 DNA를 대량으로 늘리고 싶으면 DNA 클로닝을 이용하면 된다. 그러려면 우선 DNA를 입수해야 한다. 입수 방법은 크게 세 가지. 첫째, 세포핵에 있는 염색체에서 DNA를 꺼내는 방법. 둘째, 세포에서 꺼낸 전령 RNA에 역전사효소를 더해 상보적 DNA를 만드는 방법. 셋째, 화학적으로 합성된 DNA를 플라스미드나 파지와 조합한 뒤 대장균에 넣어 늘리는 방법이다.

DNA 클로닝으로 DNA를 늘리는 작업은 어렵지 않지만 수고롭다. 더 간단하고 신속하게 늘릴 수는 없을까?

그 소망이 실현되었다. 캐리 멀리스라는 과학자는 1983년에 DNA 클로닝 없이 DNA를 대폭 늘리는 방법을 발명했다. 그 획기적인 방법은 바로 PCR(중합효소 연쇄 반응)이다.

PCR은 Polymerase Chain Reaction의 줄임말로, 클로닝 없이 불과 몇 시간 안에 1개의 DNA를 수천 배로 늘리는 테크닉이다. 다만 조건이 하나 있다. 늘리고 싶은 DNA 중에서 약 15염기의 순서를 미리 알아야 한다는 것이다.

PCR은 1개의 DNA를 엄청나게 늘린다. DNA 말고 돈이 늘어나면 더 좋을지도 모른다. 그런데 바이오테크놀로지의 특징은 DNA 증식이 돈으로 직결된다는 것. 효율은 무척 낮지만 딱 하나만 성공해도 된다.

가령 대장균을 이용해 유용한 단백질을 만들 때도 재조합 플라스미드가 대장균 내부에 들어갈 확률은 1퍼센트 이하로 상당히 낮다. 엔지니어나 경영자 같은 사람이 생각하기에 이런 기술은 아무래도 쓸모없게 느껴질 것이다.

그러나 유전공학은 일반적인 사업과 전혀 다르다. 재조합체를 하나라도 제대로 만들면 그것을 대폭 늘릴 수 있다. 수없이 실패하더라도 하나만 성공하면 모든 실패를 상쇄하고도 남으니 그야말로 '현대의 연금술'이 따로 없다. 유전공학은 도박과 그 성질이 비슷하기에 장사로 한몫 잡으려는 사람들이 끊이지 않는다.

원하는 DNA가 걷잡을 수 없이 늘어나는 꿈의 PCR. 하나뿐인 DNA를 100만 배로 늘리는 사례에서 그 원리를 알아보겠다(72쪽 자료1-22a).

(1) 늘리고 싶은 DNA 양끝의 약 15염기에 해당하는 염기서열(이것을 프라이머라고 한다)을 DNA 합성 장치로 두 가닥 만든다. 하나는 위쪽 사슬, 다른 하나는 아래쪽 사슬에 맞는 서열을 만들어야 한다.

(2) 늘리고 싶은 DNA의 주변 온도를 약 70℃로 높인다. 겹가닥 DNA는 2개의 외가닥 DNA로 나뉜다.

(3) 앞서 준비한 두 가닥의 프라이머를 더해 천천히 냉각시키면 각 프라이머는 외가닥으로 나뉜 DNA와 결합한다.

(4) DNA 중합효소(외가닥 DNA에 상보적인 염기를 붙여 가며 새로운 DNA를 합성하는 효소. -옮긴이)를 더하면 DNA 사슬이 연장되어 완전한 겹가닥 DNA가 생긴다.

약 70℃의 고온에서 과연 DNA 중합효소가 멀쩡할까 싶을 수도 있는데, 온천에서 자라는 호열성(好熱性) 세균에서 채취된 특별한 효소이기에 고온에서도 끄떡없다.

이것이 PCR의 한 사이클이다. 설명으로 들으면 상당히 긴 것 같지만 막상 해 보면 고작 몇 분 만에 종료된다. 이 사이클을 30번 반복해도 1시간이면 끝날 정도다.

그리하여 1시간 후에는 고작 1개뿐이던 겹가닥 DNA가 2^{30}개(약 10억개)로 늘어난다. 이렇게 늘어난 DNA는 인간 임상시험, DNA를 이용한 개인 확인(DNA 지문분석) 등에 이용된다. 이 업적으로 멀리스는 1993년에 노벨화학상을 받았다.

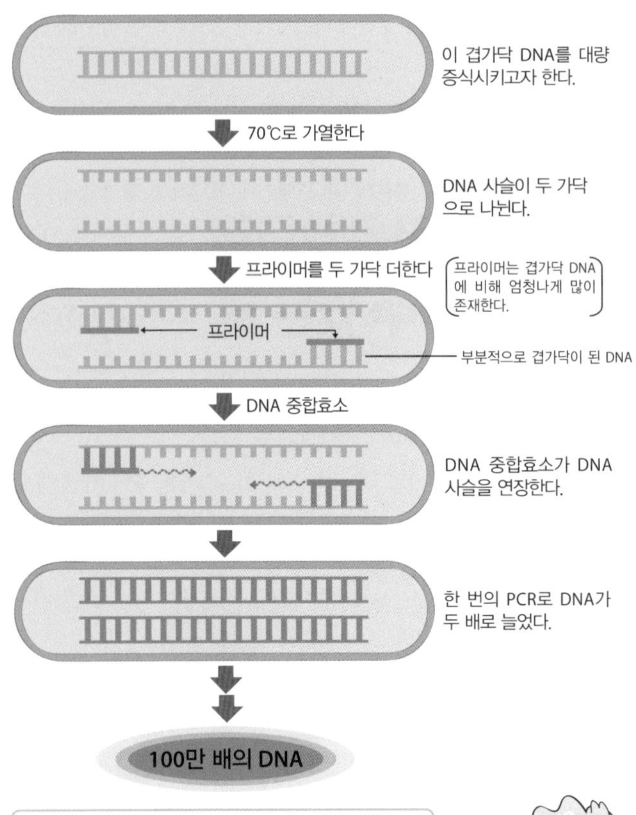

이 겹가닥 DNA를 대량 증식시키고자 한다.
70℃로 가열한다
DNA 사슬이 두 가닥으로 나뉜다.
프라이머를 두 가닥 더한다
프라이머는 겹가닥 DNA에 비해 엄청나게 많이 존재한다.
프라이머
부분적으로 겹가닥이 된 DNA
DNA 중합효소
DNA 중합효소가 DNA 사슬을 연장한다.
한 번의 PCR로 DNA가 두 배로 늘었다.
100만 배의 DNA

늘리고 싶은 겹가닥 DNA를, 상보적 염기서열을 가진 프라이머(두 가닥)와 섞어 가열한 뒤 냉각해. 늘리고 싶은 DNA와 프라이머가 부분적으로 겹가닥을 이루면 DNA 중합효소가 작용해서 완전한 겹가닥 DNA가 생겨. 이 과정을 여러 번 반복하면 처음의 겹가닥 DNA가 프라이머 수만큼 늘어나게 돼.

자료1-22a **PCR의 원리**

제 2 장

유전공학으로 할 수 있는 일

유전공학의 기초를 이해했다면, 실제로 어떤 약이나 물질 혹은 생물을 만들 수 있는지 구체적으로 알아보자. 유전자 변형으로 동물의 몸집을 불리고 줄이는 기술은 어떻게 만들었는지, 세계 최초의 복제 양 '돌리'가 어떻게 태어났는지도 설명한다.

2-1 단백질 공학으로 잇따라 의약품을 만들 수 있을까

1979년에는 유전자 변형 기술을 이용해서 미생물에게 유용한 단백질을 만들게 하는 단백질 공학(프로테인 엔지니어링)이 확립되었다. 단백질 공학은 크게 다음의 세 단계를 거친다. DNA 입수→벡터에 넣어 박테리아로 운반→박테리아에게 유용 단백질을 만들도록 지시가 그것이다.

특정 단백질이 몸에서 충분히 만들어지지 않아 발생하는 질병이 많다. 예를 들어 당뇨병은 인슐린 부족 때문이고 소인증은 인간 성장 호르몬 부족 때문이다.

한편 병원체가 인간을 감염시키면 인터류킨2라는 단백질이 보조 T 세포에서 배출된다. 이것이 킬러 T 세포라는 면역계의 살인 청부업자를 부추겨 침입한 병원체를 해치운다. 그러므로 인터류킨2를 복용해서 면역력을 높이면 질병을 격퇴할 수 있다.

이처럼 살아 있는 몸은 호르몬이나 효소 등의 단백질이 제어한다. 단백질이 부족하면 질병에 걸린다. 그렇다면 부족한 단백질을 보충하면 질병을 치료할 수 있다는 뜻이다. 그러려면 단백질을 입수해야 하는데 천연에는 단백질이 미량으로만 존재한다. 게다가 천연 단백질을 모으려면 상당한 노력과 시간이 들어 가격이 올라가므로 의약품으로써 치료에 이용하기 힘들다. 이는 극복해야 할 과제였다.

이런 상황에서 고가의 미량 단백질을 대량으로, 그것도 저가로 제공하는 기업이나 개인은 사회에 큰 공헌을 하는 셈이니 영웅이 되고 큰 부와 명예를 손에 넣을 수 있다. 과거에는 비교적 검소하게 살던 학자가 특허를 보유함으로써 일약 갑부가 될 가능성까지 생겼다.

제넨테크 사의 보이어, 바이오젠 사의 월터 길버트(1980년 노벨화학상 수상자)를 필두로 머리 좋은 과학자나 투자가가 유전자 변형 기술을 이용해 유용한 단백질을 생산하는 회사를 잇따라 설립했다.

유전자 변형 기술로 만들 수 있는 단백질이 많다(자료2-1a). 그 단백질에 포함된 아미노산 수는 제각각이다. 인간 성장 억제 호르몬은 14개뿐이지만 적혈구 생성소는 325개나 된다.

1980년대 중반 무렵만 해도 낙관적인 전망이 지배적이었다. 인간 단백질을 대장균에게 만들게 하면 잇따라 약을 만들 수 있을 거라고 말이다. 하지만 머지않아 약은 그리 간단히 만들어지지 않음을 알고 관계자들은 실망했다. 뭐, 뜻대로 굴러가지 않는 건 단백질 공학뿐만 아니라 다른 분야나 일상생활도 마찬가지다.

	아미노산 수	분자량	기능
인간 성장 호르몬	191	22,000	소인증의 특효약
상피세포성장인자(EGF)	53	6,048	상피세포의 성장과 증식
인간 인슐린	51	6,170	당뇨병 치료
인터류킨2	125	15,000	면역세포 강화
세크레틴	27	3,300	십이지장궤양의 치료약
적혈구 생성소	325	39,000	신장 투석 환자의 빈혈 치료약

자료2-1a **DNA 변형 기술에 의한 유용한 단백질 생산**

2-2 단백질로 만든 약은 만능이 아니다

단백질이 만들어진다고 해서 다 약이 되는 건 아니라는 말이 무슨 뜻일까? 일단 단백질로 만들어진 약의 작동 원리를 살펴보자.

약을 주사했다고 치자. 혈관에 들어간 약은 혈액과 함께 체내를 흐르다가 목표 세포와 마주친다. 세포 표면에는 수용체라는 수용 담당자가 있어 세포에 필요한 물질을 흡수한다.

이 약이 수용체와 마주친 순간에만 세포에 변화가 일어난다(자료2-2a). 그것이 우리에게 바람직한 변화일 때 약효라고 부른다. 반대로 바람직하지

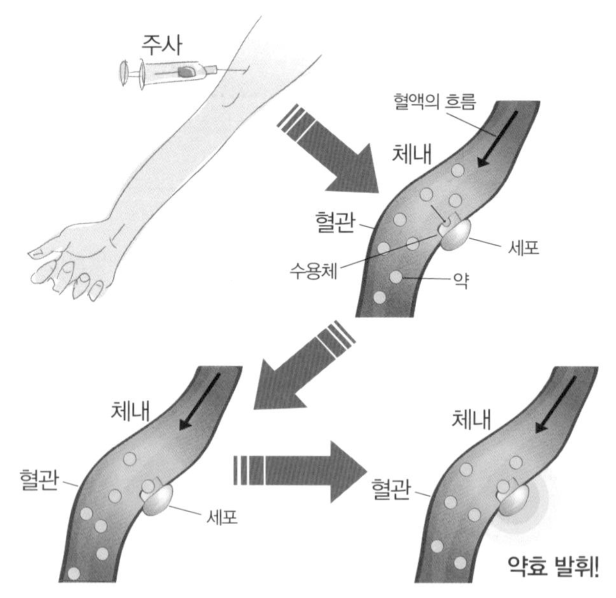

자료2-2a 주사로 혈관 속에 들어간 약은 수용체에 붙어 약효를 나타낸다

않은 변화인 경우 부작용이라고 부른다. 약효도 부작용도 우리 몸의 반응에 따라 호칭이 달라지는 것뿐이다.

소화효소를 제외하면, 단백질로 만든 약은 입으로 섭취해선 안 된다. 단백질이 위에 들어가면 위산에 파괴되기 때문이다. 단백질로 만든 약은 주사나 링거로 투여된다.

한편 체내에는 단백질을 분해하는 효소(이름부터 단백질분해효소다)가 있어서 약으로써 체내에 들어간 단백질을 조금 분해한다. 그 분해 정도에 따라 약효가 저하되는 정도도 다르다. 그래서 인슐린 등은 분해될 것을 감안해서 애초에 넉넉히 넣는다(자료2-2b).

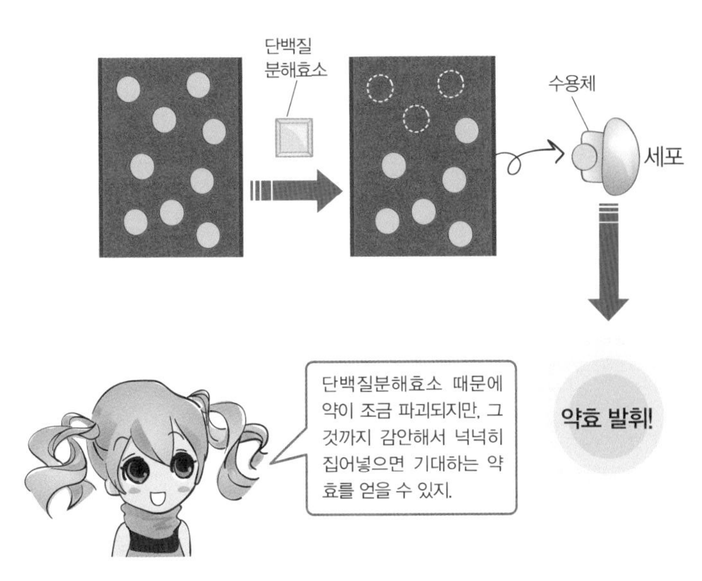

자료2-2b **수용체가 세포 밖에 있는 경우**

대장균을 이용해 인간 단백질을 만드는 방법은 1장에서 설명했다. 하지만 그게 꼭 유효한 약이 된다는 보장은 없다. 왜 그럴까? 다음의 세 가지 문제점 때문이다.

첫째, 단백질은 세포막을 통과할 수 없으므로 약의 수용체가 세포 안쪽에 있다면 단백질로 된 약이 전혀 듣지 않는다(자료2-2c). 약의 수용체가 세포 밖에 붙어 있어서 약효를 기대할 수 있는 경우가 오히려 드문 케이스다.

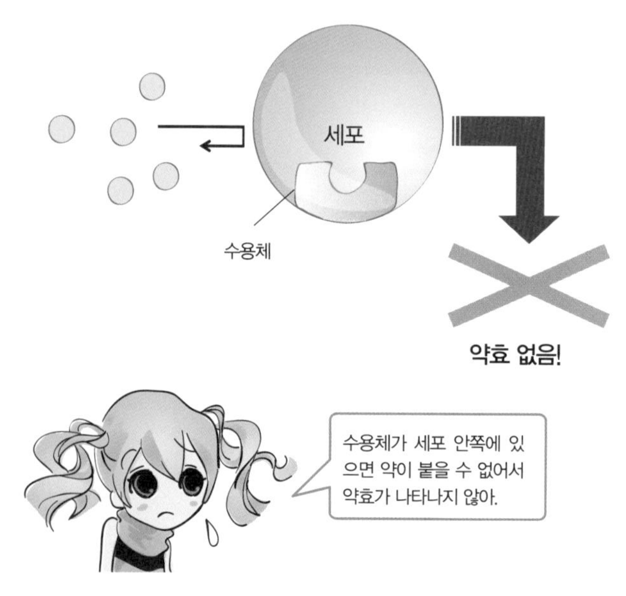

자료2-2c **수용체가 세포 안쪽에 있는 경우**

둘째, 인간 세포에서는 번역된 단백질이 특별한 효소에 의해 적당한 길이로 잘리고 접혀 기능하는 단백질이 되는데, 이 효소가 없는 대장균이 만든 인간 단백질을 그대로 인간 몸에 넣으면 전혀 효과가 없을 수 밖에 없다. 원래 인간 단백질을 만들지 않는 대장균에게 단백질을 자르고 접는 특별한 효소가 없는 것은 당연하다. 그러므로 효소로 단백질을 처리하는 단계를 거쳐야만 한다.

셋째, 인간 단백질에는 당이 붙어 있지만 대장균이 만든 단백질에는 당이 없다. 대장균에게는 단백질에 당을 올바르게 붙이는 기관이 존재하지 않기 때문이다.

당이라는 말에 어쩌면 설탕이 떠오를지도 모른다. 설탕도 당의 일종이 맞다. 원래 이름은 수크로스로, 포도당 하나와 과당 하나가 붙어 총 2개의 고리를 가진 이당류다.

반면 인간 몸속 단백질에 붙는 당은 수많은 당이 길게 이어진 것을 말한다.

인간이나 동물의 세포에는 리보솜에서 조립된 단백질에 당을 붙이는 골지체라는 기관이 있다. 대장균으로 대표되는 단세포생물에게는 그것이 없다. 결과적으로 인간 호르몬에는 당이 붙지만 대장균 등 미생물이 만든 인간 호르몬에는 당이 붙지 않는다. 따라서 대장균으로 만든 인간 단백질과 인간 몸에서 만든 단백질은 서로 아미노산 서열이 완전히 같더라도 성질은 조금 다를 것이다.

당이 붙어 있지 않은 단백질은 환자에게 알레르기 반응을 일으킬지도 모른다. 당이 붙은 천연 단백질과 당이 붙지 않은 단백질은 어디가 어떻게 다를까? 현재 활발하게 연구 중이다.

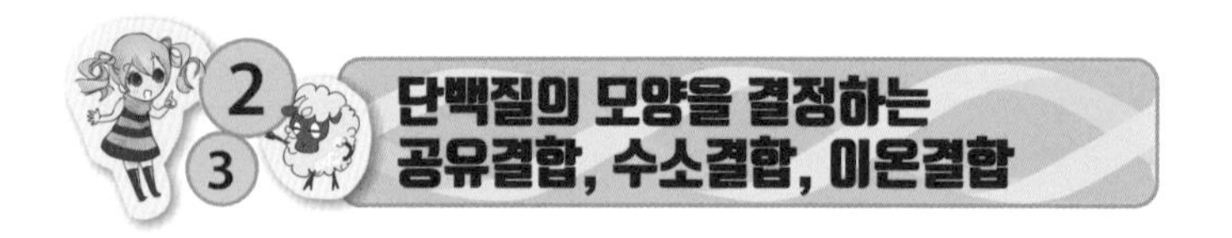

2-3 단백질의 모양을 결정하는 공유결합, 수소결합, 이온결합

단백질이란 아미노산이 특정 순서로 늘어서서 생긴 거대한 분자로, 아미노산 서열로 나타낸다. 이렇게 말하면 단백질이 일직선이라고 생각하기 쉬우나 그것은 오해다. 단백질은 공 모양이나 실 모양 등 고유의 독특한 형태를 띠고 있다.

산소를 나르는 헤모글로빈, 근육 수축을 담당하는 액틴이나 미오신, 생체 안의 화학반응을 실행하는 효소, 결합조직을 만드는 콜라겐 등은 저마다 개성 넘치는 모양을 취하고 있다.

단백질의 독특한 모양을 입체구조(고차구조)라고 한다. 단백질은 그 독특한 입체구조 덕에 생체에서 일할 수 있다. 그렇다면 단백질의 입체구조를 결정하는 것은 무엇일까? 바로 공유결합, 이온결합, 수소결합이라는 세 종류의 결합이다(자료2-3a).

결합 이름	결합 양식		결합의 성질
공유결합	탄소-탄소	(C-C C-N C-O)	강함
이온결합	질소-산소	($N^{\oplus}$ ····· $O^{\ominus}$)	약함
수소결합	질소-수소-산소	(N-H ····· O=C)	약함

자료2-3a **단백질의 모양을 결정하는 세 가지 결합**

아미노산과 아미노산을 잇는 방식이 바로 공유결합이다. 이 결합이 없으면 아미노산은 서로 붙지 못하고 계속 아미노산으로 남아 있을 것이다. 공유결합의 특징은 상당히 질기다는 것으로, 100℃로 가열해도 절단되지 않는다. 그 대신 한번 절단되면 그리 쉽게 이어지지 않는다. 융통성 없는 고집불통이다.

그에 비해 이온결합과 수소결합은 약한 결합이다. 하나씩 살펴보자.

이온결합이란 상반된 전하끼리 서로 끌어당기는 방식을 말한다. 이온결합으로 이루어진 물질을 우리 주변에서 찾아보면 곧바로 소금이 떠오른다. 소금은 나트륨 원자와 염소 원자가 붙어 이루어진 물질로, +1(Na^+) 전하와 -1(Cl^-) 전하가 서로를 끌어당기고 있으며 전체 전하는 서로 상쇄되어 0이다(자료2-3b).

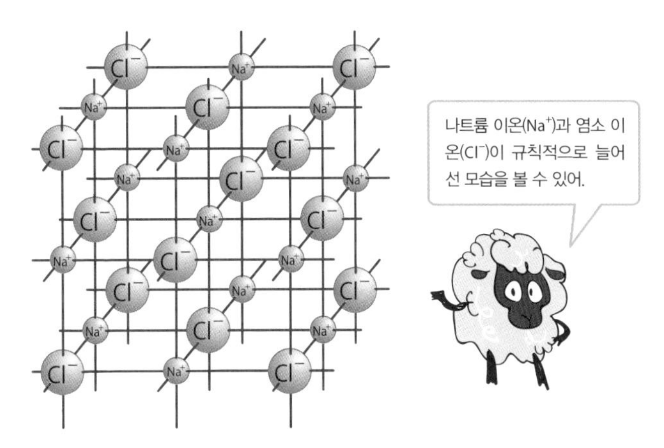

자료2-3b **소금(NaCl)의 구조**

두 번째 약한 결합은 수소결합. 이것이 단백질의 모양을 결정하는 열쇠다. 수소는 다른 원자와 공유결합을 하는데, 그렇게 공유결합을 한 수소는 양전하를 띠게 된다. 이 수소 원자와, 음전하를 띠는 또 다른 원자 사이에 정전기적 인력이 생기는데 이를 수소결합이라고 한다. 마치 수소 하나가 두 가지 방식으로 결합하는 듯 보인다.

다음 82쪽 자료는 수소결합이 단백질의 모양을 결정하는 과정이다(자료 2-3c).

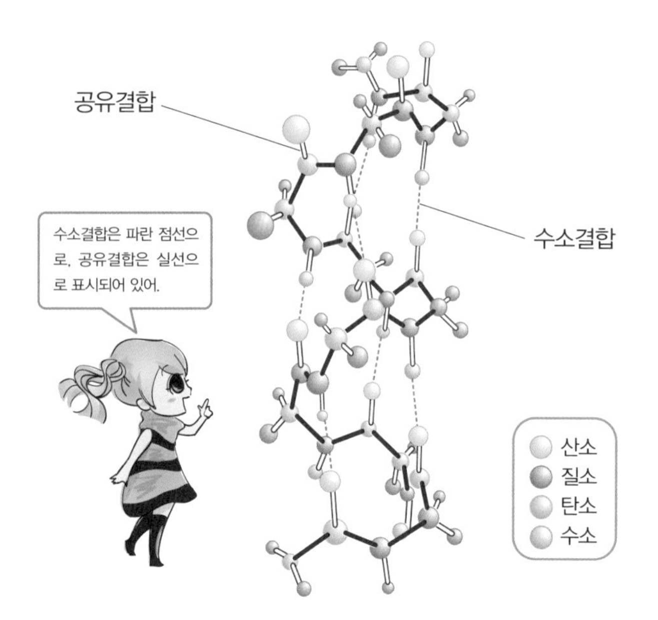

자료2–3c **단백질 구조에서의 수소결합**

약한 결합인 이온결합과 수소결합은 30℃에서 50℃ 정도의 약한 열만 가해도 쉽게 파괴되고 만다. 참으로 못 미덥지만 온도를 낮추면 곧장 원래대로 돌아오니 융통성은 있다.

강하지만 융통성이 없는 공유결합, 약하지만 융통성이 있는 이온결합과 수소결합. 성질이 정반대인 이 결합들이 생명에 필수적인 단백질의 모양을 결정한다. 실로 절묘한 조합이 아닐 수 없다.

2-4 단백질의 변성과 복원 과정

생명을 만드는 물질인 단백질은 몇 가지 성질이 있는데 이 꼭지에서는 가장 기본인 변성과 복원에 대해 알아보자(자료2-4a).

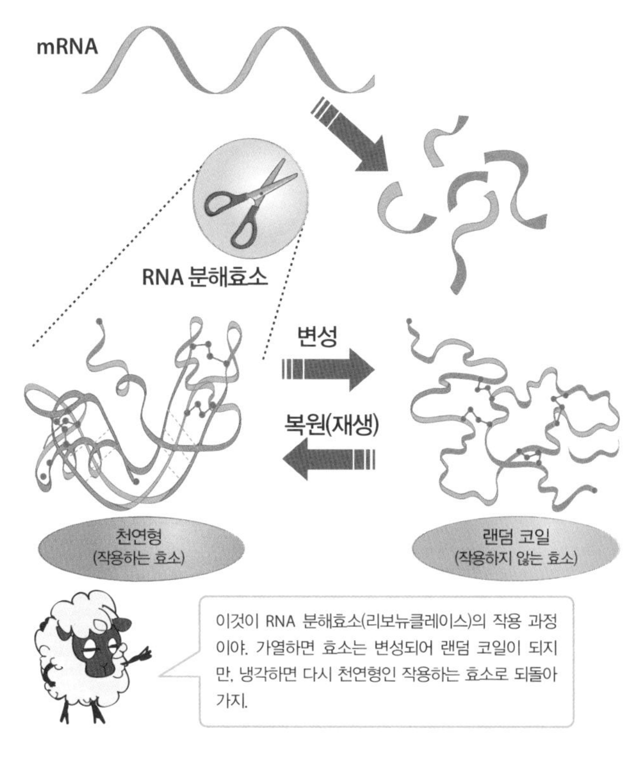

자료2-4a 단백질의 변성과 복원 과정

예시로 살펴볼 것은 RNA를 분해하는 리보뉴클레이스라는 효소다. 리보뉴클레이스는 10℃~20℃ 정도의 비교적 저온에서 외가닥 RNA를 신속히 절단한다. 이것이 리보뉴클레이스의 원래 특성으로 여기서는 천연형이라고 부르겠다.

천연형을 시험관에 넣어 온도를 50℃까지 높이고 다시 외가닥 RNA와 섞는다. 이 경우 외가닥 RNA는 절단되지 않는다. 즉, 온도가 높아지면 리보뉴클레이스는 작용하지 않는다. 왜 그럴까?

효소가 죽은 걸까? 10℃~20℃까지 온도를 낮추자 다시 리보뉴클레이스가 작용했다. 어라? 효소가 되살아난 걸까? 효소라는 건 살았다가 죽었다가 하나? 아니, 효소에는 원래 생명이 없다. 그저 리보뉴클레이스의 능력이 온도에 크게 좌우되는 것뿐이다. 무슨 수를 쓰기에 그럴까?

리보뉴클레이스의 천연형은 수소결합에 의해 특정 형태를 유지한다. 그런데 온도가 높아지면 약한 결합부터 차례로 끊겨 결국 리보뉴클레이스의 형태가 완전히 사라진다. 이것이 랜덤 코일이다. 랜덤이란 '무작위' 혹은 '마구잡이'라는 의미다.

랜덤 코일은 공유결합만 남고 이온결합이나 수소결합은 끊긴 상태다. 즉, 가열함에 따라 리보뉴클레이스는 잘 작용하는 천연형에서 규칙이라곤 없는 랜덤 코일로 모양이 변하는 것이다. 이 과정을 변성이라고 한다(자료 2-4b).

변성된 리보뉴클레이스는 모양이 랜덤 코일이므로 RNA를 분해할 능력이 없다. 하지만 냉각되면 다시 천연형으로 돌아와 RNA 분해 능력을 회복한다. 이 과정을 복원(재생)이라고 한다. 요컨대 단백질을 가열하면 변성되고 냉각하면 복원된다. 이 왕복 과정이 가능한 현상을 가리켜 가역이라고 한다. 리보뉴클레이스는 온도에 따라 마치 살아 있는 단백질이 죽는가 하면 죽었던 단백질이 다시 살아나는 것처럼 보이는 가역성을 설명하는 데 안성맞춤인 교재다.

그런데 모든 단백질이 가역적인 것은 아니다. 가령 달걀을 끓는 물에 넣고 몇 분간 그대로 방치하면 삶은 달걀이 된다. 달걀의 단백질이 변성되기 때문이다. 하지만 원상태로 되돌리려고 달걀을 식혀 봤자 결코 원상태로 되돌아가지 않는다. 이것을 비가역이라고 한다. 대부분의 단백질은 비가역적이다. 이것이 효소를 냉동 보존하는 이유다.

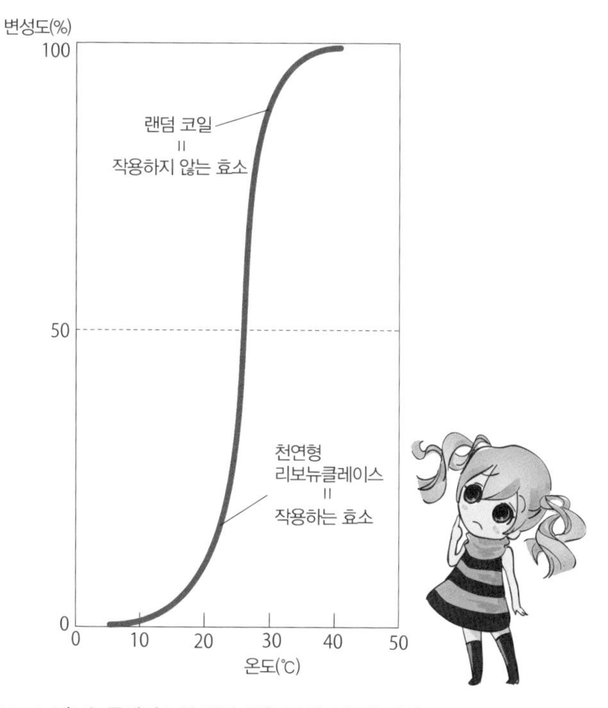

자료2-4b **리보뉴클레이스의 열에 의한 변성과 복원 과정**

2-2에서 살펴봤듯이, 단백질 공학으로 잇따라 단백질을 만들 수는 있지만 약을 손쉽게 만든다는 꿈은 사라졌다. 그러나 한편으로는 천연 단백질보다 성능이 뛰어난 슈퍼 단백질을 만든다는 새로운 꿈이 탄생했다. 성공하면 스테로이드, 항생물질, 효소제(효소를 식품과 의약 따위에 쓸 수 있도록 한 상품을 통틀어 이르는 말. -옮긴이) 같은 의약품이나 식물 호르몬, 생분해성 플라스틱 같은 공업제품을 만드는 데 적용할 수 있다.

예전에 이런 의견을 들은 적이 있다. "미생물과 동식물이 만드는 효소 등의 천연 단백질은 오랜 시간에 걸친 진화의 결과물이므로 어떤 것보다도 뛰어나다. 그보다 성능이 좋은 물질은 인간이 만들 수 없다."

그 생각은 틀렸다. 진화는 과거부터 쭉 이어져 온 것으로 지금에 머무르지 않고 미래로도 이어진다. 만약 그 의견이 옳다면 우리 인간이나 지상의 생물이 지금 갖고 있는 유전자나 단백질은 이미 최고 수준에 도달했다고 봐야 한다. 하지만 이는 과학적 근거가 전혀 없다.

다음 자료는 슈퍼 단백질의 제조 과정을 나타낸 것이다(자료2-5a). 일단 천연 단백질이 어떤 모양을 하고 있으며 어느 부분이 그 작용에 중요한 역할을 하는지 알아낸다. 그리고 해당 부분을 다른 아미노산으로 적절히 대체하면 천연 단백질보다도 성능 좋은 인공 단백질, 즉 슈퍼 단백질을 만들 수 있다.

이를 위해서는 먼저 천연 단백질이 어떤 모양인지 밝혀내야 한다(자료2-5b). 이를 위해 핵자기 공명 분광법(NMR 스펙트로스코피)와 X선 결정법(X-ray crystallography)이라는 두 가지 수단이 쓰인다. 우선 핵자기 공명 분광법을 이용해 단백질에 포함된 수소, 탄소, 질소 등의 원자가 어떤 환경에 있는지 알 수 있다. 그 정보를 컴퓨터에 입력하면 단백질의 모양을 알 수 있다.

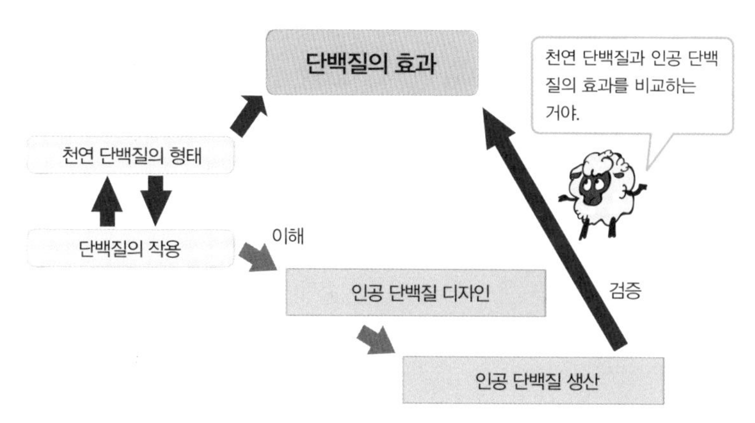

자료2-5a 슈퍼 단백질을 만드는 과정

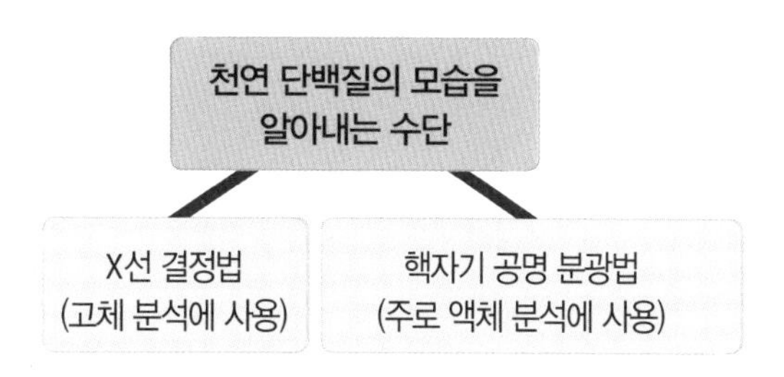

자료2-5b 천연 단백질의 형태를 파악하는 방법

X선 결정법도 살펴보자. 결정화한 단백질에 X선을 쏘면 원자에 부딪친 X선이 휘어진다. 이 현상을 회절이라고 한다. 회절 패턴은 원자가 단백질 속에서 어디 있느냐에 따라 다르게 나타난다. 그러므로 회절된 X선의 패턴을 컴퓨터로 분석하면 단백질의 모습이 정확하게 드러난다.

α-키모트립신을 예로 들어 슈퍼 단백질의 제조법을 소개하겠다(88쪽 자료2-5c). α-키모트립신은 인간 췌장이 생산하는 소화효소 중 하나로 241개의 아미노산으로 이루어져 있으며 단백질을 분해하는 일을 한다.

물론 α-키모트립신의 모든 아미노산이 똑같이 중요하지는 않고 몇몇 아미노산이 더 중요한 역할을 맡는다.

자료2-5c **X선 결정법으로 밝혀진 α-키모트립신의 형태**

α-키모트립신에서 열쇠를 쥔 것은 동그라미(●)로 표시된 16번, 57번, 102번, 195번 아미노산이다. 이 4개를 다른 아미노산으로 바꿔 만든 인공 α-키모트립신의 능력을 천연 물질과 비교하면 된다. 이 작업을 거듭하는 사이 천연 물질보다 훨씬 뛰어난 인공 α-키모트립신이 만들어졌다. 이것이 슈퍼 단백질이다.

새롭게 탄생한 슈퍼 단백질 분야를 연구하기 위해 DNA를 만드는 유전공학, 대장균을 다루는 미생물학뿐만 아니라 물리학과 화학에서 사용되는 최신 기술들이 사용된다. 단백질을 분리해 정제하는 기술, 단백질의 모습을 규명하는 X선 결정법, 핵자기 공명 분광법, 슈퍼컴퓨터까지.

슈퍼 단백질은 이렇게 만든다

슈퍼 단백질을 만든다는 것은 과거에는 과학자의 꿈에 불과했으나 이제 현실이 되었다. 그 성공 사례를 한 가지 소개하겠다.

서브틸리신은 약 220개의 아미노산으로 이루어진 단백질로 간균속 박테리아가 만드는 효소다. 단백질을 분해하는 역할을 한다. 요컨대 아미노산과 아미노산을 잇는 펩타이드 결합을 절단한다(자료2-6a).

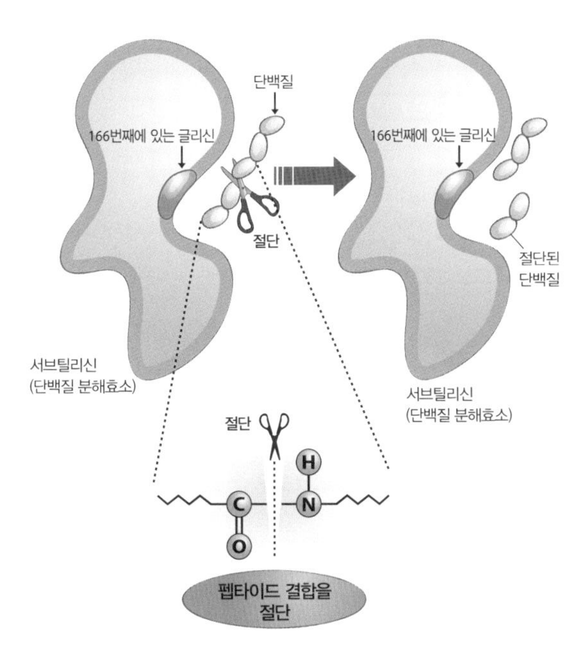

자료2-6a 단백질의 펩타이드 결합을 절단하는 서브틸리신

서브틸리신은 꽤 단단해서 잘 파괴되지 않는다는 장점 때문에 공업에서 널리 이용된다. 그러므로 이 효소의 성능을 높이는 일은 경제적으로 큰 의미가 있다.

생화학 연구에서, 서브틸리신이 단백질을 절단할 때 166번째 아미노산에 해당하는 글리신이 중요한 역할을 한다는 예측 결과가 나왔다. 따라서 이 부분을 만드는 DNA에 위치지정 돌연변이 유발 기술로 글리신을 글루탐산 또는 리신으로 바꿔 인공 서브틸리신을 만들었다. 여기서 위치지정 돌연변이 유발이란 유전자 속의 특정 염기를 원하는 염기로 바꾸는 기술이다.

DNA 염기서열이 단백질의 아미노산 서열을 결정하므로 위치지정 돌연변이 유발 기술을 이용하면 단백질의 특정 지점에 있는 아미노산 하나만 원하는 아미노산으로 바꿀 수 있다. 이 기술은 단백질 공학의 핵심으로 자리잡았고, 발명자 마이클 스미스는 1993년에 노벨화학상을 받았다(1993년 노벨화학상 수상자는 마이클 스미스와, 70쪽에서 언급되었던 캐리 멀리스다. 캐리 멀리스는 PCR 연구로, 마이클 스미스는 위치지정 돌연변이 유발 및 PCR 연구로 수상했다. PCR의 경우 캐리 멀리스와 마이클 스미스가 독립적으로 연구했으며 둘 다 업적을 인정받았다. -옮긴이).

여기서는 166번째 아미노산이 글루탐산으로 바뀐 물질을 서브틸리신(글루탐산), 리신으로 바뀐 물질을 서브틸리신(라이신)이라고 부르겠다(자료 2-6b).

다음으로 인공 서브틸리신의 단백질 분해 능력을 천연형 서브틸리신(글리신)과 비교한다.

그 결과 서브틸리신(글루탐산)은 천연형 서브틸리신(글리신)보다 능력이 낮았다. 그러나 서브틸리신(라이신)은 천연형의 500배에 달하는 능력을 발휘했다.

166번째 아미노산의 성질에 따라 효소의 능력에 큰 차이가 생겼다. 이로써 천연 상태의 단백질보다 성능 좋은 단백질을 디자인해서 슈퍼 단백질을 만든다는 꿈이 마침내 실현되었다. 더불어 천연 상태의 물질이 반드시 최고는 아니라는 당연한 사실도 증명되었다.

166번째 아미노산	글리신	글루탐산	라이신
아미노산의 구조	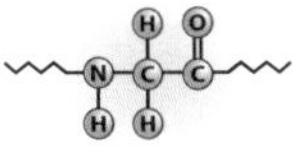 H O N C C H H	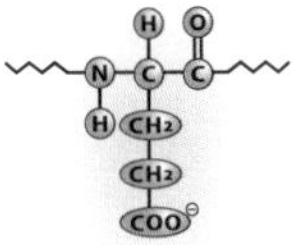 H O N C C H CH_2 CH_2 $COO^{\ominus}$	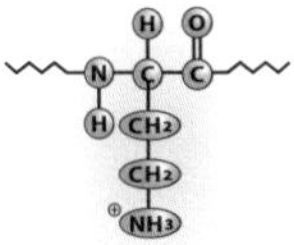 H O N C C H CH_2 CH_2 $^{\oplus}NH_3$
능력	–	감소	500배 상승

아미노산 서열만 바꿔도 단백질의 능력이 이렇게 달라지는구나!

자료2–6b **아미노산 서열을 바꿔 단백질의 능력을 높인다**

인간 단백질을 지정하는 유전자를 대장균에 넣어 인간 단백질을 만드는 데 성공했다. 그렇다면 대장균으로 성공한 일을 쥐, 양, 소 등의 포유동물 또는 유채, 옥수수, 벼 등의 식물로도 성공할 수 있을까?

가령 양, 소, 염소에게 인간 혈액응고인자의 유전자를 삽입했는데 그 유전자가 잘 발현되었다고 치자. 그러면 양이나 소의 젖과 함께 혈액응고인자가 나온다. 선천적으로 혈액응고인자가 부족한 혈우병 환자는 이 우유를 먹어서 혈액응고인자를 보충할 수 있다.

이처럼 A 동물에서 채취한 DNA를 B 동물에게 삽입했을 때 B 동물을 유전자 변형 동물(GM 동물: GM은 Genetically Modified의 줄임말)이라고 한다. 기술의 적용 대상이 식물이면 유전자 변형 작물(GM 작물), 곤충이면 유전자 변형 곤충(GM 곤충)이라고 부르겠다(자료2-7a).

양, 염소, 소는 인간과 같은 포유동물로 세포에 골지체가 갖춰져 있기에 생성되는 단백질에 당이 붙는다. 따라서 대장균으로 생산한 단백질의 약점, 즉 단백질에 당이 붙지 않는다는 약점을 극복할 수 있다. 혈액응고인자에만 국한된 이야기가 아니다. 트립신 · 항트립신 · 락토알부민 같은 단백질을 만드는 양, 혈전 예방약인 항트롬빈을 생산하는 염소 등도 만들어 의료에 응용할 수 있다.

한편 축산 분야에서는 더 뛰어난 동물을 효율적으로 번식시키고자 하는 목표가 있다. 이를 달성하기 위해 농학자들은 토끼, 시궁쥐, 생쥐로 체외수정이나 체외배양을 시도해 왔다. GM 동물을 이용하면 전보다 훨씬 뛰어난 동물을 만드는 길이 열리지 않을까?

벼, 옥수수, 유채 등은 우리 식생활에 없으면 안 되는 농작물이다. 물론 맛이나 향이 좋고 영양가가 높아야 소비자의 입맛을 맞출 수 있다. 하지만 해충이나 잡초에 강하고 추운 날씨나 메마른 땅에서 잘 자라는 것도 중요하므로 다각도로 고려해 품종을 개발해야 바람직하다.

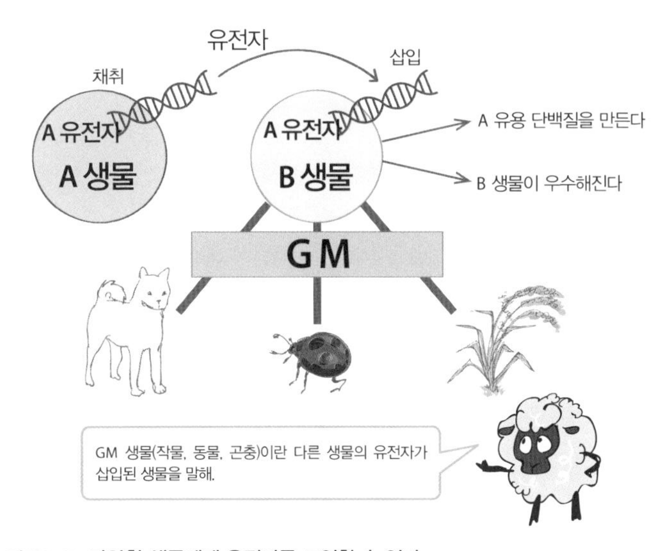

자료2-7a **다양한 생물에게 유전자를 도입할 수 있다**

그럼 유전자 변형 기술을 이용해 GM 동물, GM 작물, GM 곤충을 속속 제작하는 편이 좋을까? 그것은 큰 문제다.

원래 '기술'이란 무언가를 정확히 실행하는 능력을 말한다. 예를 들어 우리는 특정 유전자를 플라스미드의 원하는 부분에 넣을 수 있다. 이것을 박테리아에 삽입하면 원하는 단백질이 생긴다. 이처럼 박테리아 차원에서는 유전자 변형 기술이 완성되었으니 '기술'이라고 불러도 좋다.

그러나 아직은 동물, 곤충, 식물 실험에서는 특정 유전자를 염색체의 원하는 부분에 완벽하게 넣을 수 없다. 따라서 동물, 곤충, 식물을 대상으로 한 유전자 변형 기술은 '기술'이라고 부르기 힘들다.

그렇다면 뭐라고 부르는 게 알맞을까? 윌리엄 텔이 과녁을 향해 화살을 쏘는 장면을 상상해 보라. 그에 빗대어 말하자면 동물, 곤충, 식물에게 유전자를 삽입하는 일은 눈을 가린 채 화살을 쏘는 격이다. 삽입된 유전자가 염색체의 어디에 있는지 모른다. 유전자로 장난을 친 것에 불과하다. 차라리 '유전자 놀음'이라고 부르는 편이 적절하리라.

유전자가 독립된 정보 단위로 다른 생물 안에 들어가서도 똑같이 작용한다는 것은 1980년대식 발상이며 이미 착각임이 밝혀졌다. 유전자는 복잡하게 상호 관련된 네트워크의 일부로 기능한다고 판명이 났다.

새로운 유전자를 도입하면 그 유전자뿐만 아니라 유전자를 받아들인 유전체(한 생물이 가지는 모든 유전 정보. 게놈이라고도 한다. -옮긴이)도 영향을 받는다. 그 결과 생물에 무슨 일이 일어날지 예측할 수도 없고 결과를 완벽하게 제어할 수도 없다.

그 대단한 유전자 변형 기술도 동물, 곤충, 식물 같은 다세포생물에 대해서는 아직 완성되지 않은 게 현실이다.

2000년 6월 26일, 인간 유전체의 초안 해독이 완료되었음이 선언되었다. 지금은 한창 유전자의 작용을 연구하는 중이다. 그런데 어떻게 하면 어떤 미지의 유전자가 하는 일이 무엇인지 밝힐 수 있을까?

과학자는 체세포에 미지의 유전자를 넣은 다음 어떤 단백질이 새로 생기는지 연구해 왔다. 또 미지의 유전자를 도입한 체세포가 어떤 변화를 일으키는지 관찰해 왔다.

예를 들어 개구리의 신경세포에 미지의 유전자를 넣은 뒤 아세틸콜린이라는 신경전달물질을 첨가하자 세포에서 전기 신호가 발생했다. 그렇다면 도입된 미지의 유전자는 아세틸콜린 수용체 유전자라고 유추할 수 있다.

또한, 어떤 유전자를 세포에 도입하자 정해진 횟수만큼 분열한 뒤 죽었던 세포가 불사신으로 거듭나 무한정 증식하게 됐다고 가정하자. 이 경우 도입된 미지의 유전자는 암 유전자라고 할 수 있다.

미지의 유전자가 인슐린 유전자라면, 이 유전자를 췌장 세포에 넣으면 혈당치를 낮추는 단백질, 즉 인슐린이 생성된다. 물론 이것이 정말 혈당치를 낮추는지 여부는 세포 수준에서는 알 수 없다. 그래도 이 방법을 쓰면 미지의 유전자가 세포에서 어떤 역할을 하는지 알 수 있다면서 과학자들은 크게 기뻐했다.

하지만 기쁨도 잠시, 이 방법의 한계가 바로 드러났다. 이를테면 간세포와 뇌세포에는 완전히 같은 유전자가 있지만 간과 뇌가 실제로 이용하는 유전자는 전혀 다르다. 그렇다면 뇌에서만 이용되는 유전자를 간에 넣어 어떤 단백질이 생기는지 관찰하는 행위는 전혀 의미가 없다.

이 방법은 어떤 유전자가 어느 세포에서 이용되는지 알고 있을 때만 유용하다. 하지만 바로 그걸 알고 싶어서 연구하는 경우가 대부분이므로 참

난감한 노릇이다.

미지의 유전자가 어떤 일을 하는지 알아내는 무슨 좋은 방법이 없을까? 고민 끝에 고안한 방법이 수정란에 미지의 유전자를 넣고 유전자의 작용을 관찰하는 방법이다(자료2-8a). 수정란에 미지의 유전자를 삽입한 뒤 다시 태내에 넣는다. 그러면 증식을 반복한 끝에 체세포가 되고 심장, 폐, 손, 발, 뇌 등의 장기로 분화하여 마침내 개체로서의 GM 생쥐가 된다.

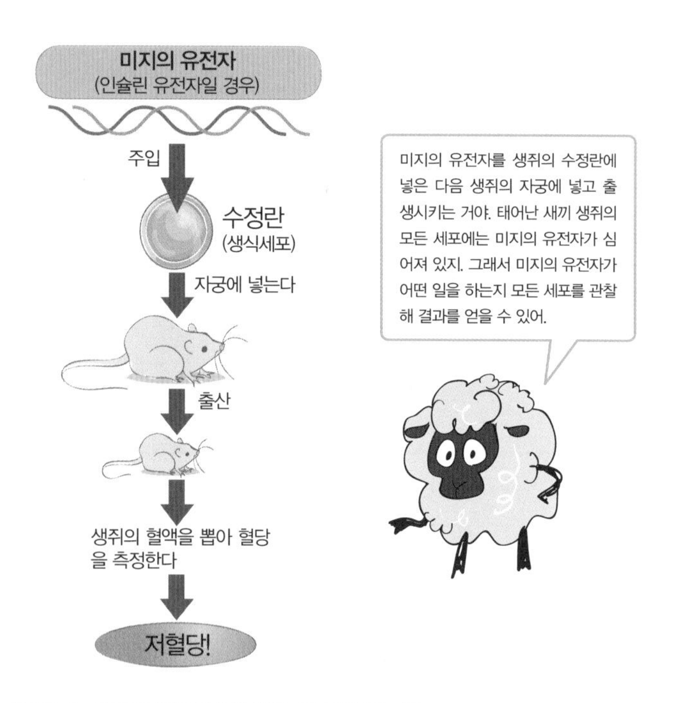

자료2-8a **미지의 유전자를 생식세포에 도입하는 법**

모든 체세포는 원래 한 개의 수정란에서 분화한 것이므로 유전자를 수정란에 넣으면 개체가 가진 수십조 개의 세포에는 전부 미지의 유전자가 심어진다. 즉 모든 부위의 세포에서 미지의 유전자가 어떤 일을 하는지 관찰할 수 있다.

앞서 예로 든 인슐린 유전자를 수정란에 넣으면 태어난 생쥐의 모든 체세포에 인슐린 유전자가 들어가 췌장 세포는 물론이고 다른 몇몇 세포에서도 인슐린을 생산할 것이다. 그러면 인슐린이 대량 생성되어 생쥐는 저혈당에 빠지리라 추측할 수 있다. 그 생쥐의 혈액을 채취해서 혈당치를 측정하면 인슐린이 생성되었음을 증명할 수 있다.

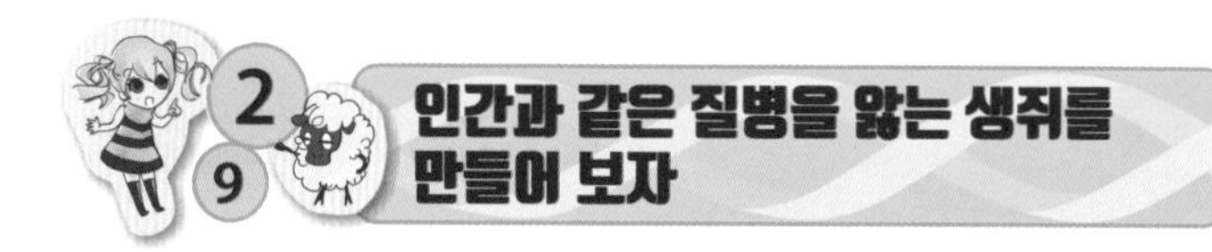

인간과 같은 질병을 앓는 생쥐를 만들어 보자

고혈압이나 당뇨병 등의 치료약을 만들기 위해서는 약으로 만들고자 하는 '후보' 물질이 우리가 기대하는 효과를 내는지 알아봐야 한다. 처음부터 인간으로 실험하면 위험하니 일단 생쥐 같은 동물을 이용해 효과를 살핀다.

고혈압이 되기 쉬운 생쥐를 모아 번식시키면 이윽고 고혈압 유전 인자를 가진 생쥐의 계통이 만들어진다. 이렇게 하면 자연적으로 질환모델동물(인간이 앓는 질환에 걸리거나 혹은 그 병증을 나타내는 실험동물. -옮긴이)을 얻을 수도 있다. 하지만 대부분의 경우 유전 인자가 인간의 것과 다르므로 일단 그 원인을 규명해야 하는데 꽤나 수고로운 작업이다.

그런 번잡한 수고를 덜고 싶으면 유전 인자가 명확한 질환모델동물을 만들면 된다. 방법은 두 가지다(자료2-9a).

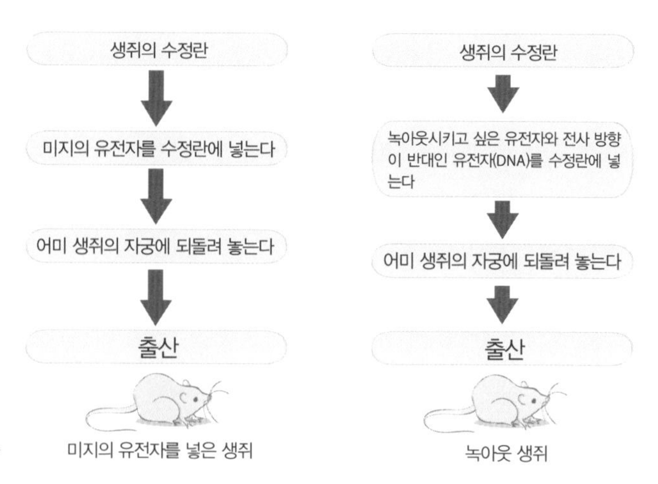

자료2-9a 인간과 같은 유전 인자를 가진 질환모델동물을 만드는 두 가지 방법

첫 번째는 미지의 유전자를 수정란에 넣고 어미 생쥐의 자궁에 되돌려 놓는 방법이다. 두 번째는 수정란의 특정 유전자가 작용하지 않게 조치하고 어미 생쥐의 자궁에 되돌려 놓는 방법이다. 후자는 유전자의 작용을 녹아웃(knockout)시켜 만든 생쥐이므로 녹아웃 생쥐라고 한다.

첫 번째 방법은 혈압을 컨트롤하는 레닌-안지오텐신계의 예로 설명하겠다(자료2-9b). 이 시스템의 최종 산물은 안지오텐신Ⅱ라는 작은 단백질인데 이것이 혈액 속이 들어가면 혈압이 급격히 상승한다. 그러나 해당 유전자를 체세포에 넣어 안지오텐신Ⅱ를 만들게 하는 방식으로는 혈압이 올라가지 않는다. 동물의 모든 세포에 이 유전자를 넣지 않는 이상 불가능하다는 뜻. 그런 이유로 수정란에 안지오텐신Ⅱ 유전자를 넣어 만든 GM 생쥐가 탄생했다.

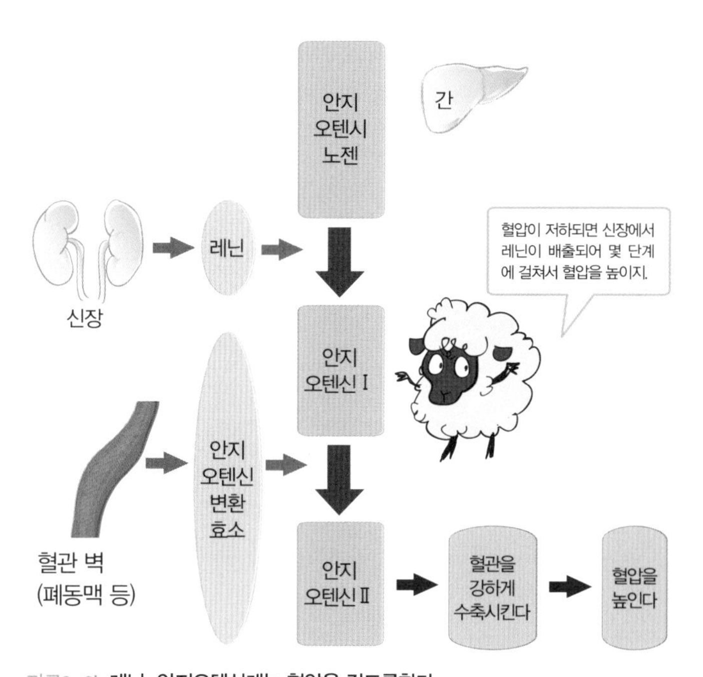

자료2-9b **레닌-안지오텐신계는 혈압을 컨트롤한다**

인간 레닌 유전자 혹은 인간 안지오텐신 유전자를 생쥐의 수정란에 삽입해 만든 고혈압 생쥐는 평균 생쥐의 혈압인 100mmHg보다 훨씬 높은 140mmHg까지 혈압이 올랐고, 수명 역시 평균 생쥐 수명의 절반인 1년으로 줄었다. 인간의 고혈압을 생쥐에서 완전히 재현함으로써 인간의 고혈압약 효과를 생쥐로 실험할 수 있게 된 것. 이 고혈압 생쥐에게 인간 레닌에 결합하여 레닌의 작용을 억제하는 약을 투여하자 혈압은 정상 수치인 100mmHg로 돌아갔고 수명도 다시 2년으로 늘었다.

두 번째 방법은 시버 생쥐의 제작을 예로 들어 설명하겠다. 시버 생쥐란 신경세포의 말이집(신경세포를 구성하는 축삭의 겉을 여러 겹으로 싸고 있는 막. -옮긴이)에 이상이 있어 몸의 떨림(shiver)이 멈추지 않는 생쥐를 말한다.

규슈대학의 가쓰키 모토야 그룹은 말이집 염기성 단백질(말이집의 구조를 유지하는 단백질. -옮긴이)의 전령 RNA와 상보적인 RNA를 도입함으로써 그 단백질을 만드는 전령 RNA의 작용을 억제했다. 그러면 말이집 염기성 단백질이 생성되지 않고, 말이집이 제대로 생성되지 않은 생쥐는 몸떨림을 멈추지 못하게 됐다.

이처럼 어느 특정 전령 RNA의 작용을 억제하기 위해 상보적인 RNA(즉 안티센스 RNA)를 더하는 것을 안티센스 기술이라고 한다. 안티센스 기술로 만들어진 녹아웃 생쥐는 이미 500종이 넘는다.

단백질은 DNA에서 전령 RNA로 옮겨 쓰인 염기서열에 따라 만들어진다. 전령 RNA처럼 의미 있는 염기서열을 센스라고 한다. 센스 RNA는 전령 RNA의 별칭이기도 하다.

전령 RNA는 자연계에서 외가닥으로 존재한다. 그런데 옆에 상보적인 RNA가 있으면 서로 붙어 겹가닥이 된다. 그 상보적인 RNA를 안티센스 RNA라고 한다.

"어라, 겹가닥 RNA? 그런 건 들어본 적이 없는데."라고 생각할지도 모르지만 자연계의 운반 RNA나 리보솜 RNA의 상당 부분은 겹가닥이다. 다음 102쪽 자료는 우리에게 익숙한 겹가닥 DNA와 다소 낯설게 느껴지는 겹가닥 RNA를 비교하여 나타낸 자료다(자료2-10a). G와 C가 쌍을 이루고 A와 U(DNA에서는 T)가 쌍을 이룬다.

겹가닥이 된 전령 RNA는 단백질 합성에 이용되지 않는다. 안티센스 RNA를 도입해 전령 RNA를 붙듦으로써 발현을 억제하는 방법을 안티센스 요법이라고 한다.

전령 RNA를 어떻게 포획하느냐에 따라 안티센스 요법은 두 종류로 나뉜다.

첫 번째는 목표로 하는 유전자에서 그리 멀지 않은 지점에 역방향 DNA를 삽입하는 방법이다(102쪽 자료2-10b). 이 경우 역방향 DNA가 전사될 때 안티센스가 생긴다. 이 안티센스가 전령(센스) RNA를 포획함으로써 겹가닥 RNA가 된다. 그것을 발견하고 RNA 분해효소 H가 다가와 겹가닥 RNA를 절단하면 목표 유전자는 발현하지 못한다.

두 번째는 세포 밖에서 인공 RNA를 주입하는 방법으로, 안티센스 약이라고도 불린다.

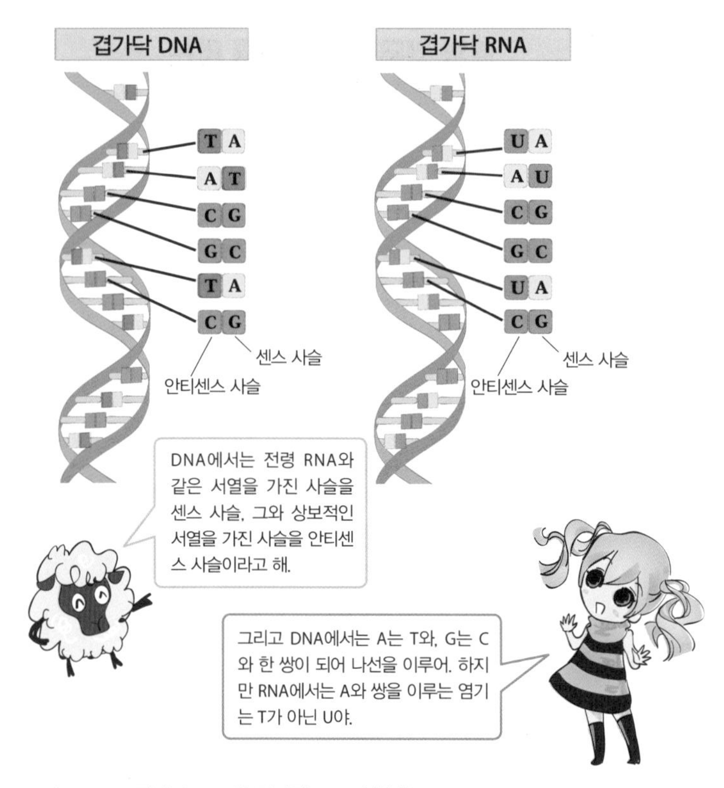
겹가닥 DNA
T A
A T
C G
G C
T A
C G
센스 사슬
안티센스 사슬
겹가닥 RNA
U A
A U
C G
G C
U A
C G
센스 사슬
안티센스 사슬
DNA에서는 전령 RNA와 같은 서열을 가진 사슬을 센스 사슬, 그와 상보적인 서열을 가진 사슬을 안티센스 사슬이라고 해.
그리고 DNA에서는 A는 T와, G는 C와 한 쌍이 되어 나선을 이루어. 하지만 RNA에서는 A와 쌍을 이루는 염기는 T가 아닌 U야.

자료2-10a **겹가닥 DNA와 겹가닥 RNA의 형태**

많은 질병의 치료에 안티센스 요법이 쓰인다. 그 예로는 폐암, 대장암, 췌장암, 당뇨병, ALS(근위축성측색경화증), 천식, 관절염 등이 있다.

FDA(미 식품의약국)에 인가된 대표적인 안티센스 약으로 포미비르센과 미포멀슨이 있다. 포미비르센(1998년 승인)은 에이즈 환자에게 발생하는 거대세포바이러스 망막염을 치료하는 데 이용된다(건강한 사람은 거대세포바이러스에 감염되어도 경미한 증상만 보이고 치유되지만, 에이즈 환자 등 면역 결핍 환자에게는 치명적이며 망막이 감염되면 최대 실명에까지 이를 수 있다. -옮긴이). 한편 미포멀슨(2013년 승인)은 유전성 고콜레스테롤혈증의 치료에 이용된다.

향후 연구 성과가 기대되는 분야다.

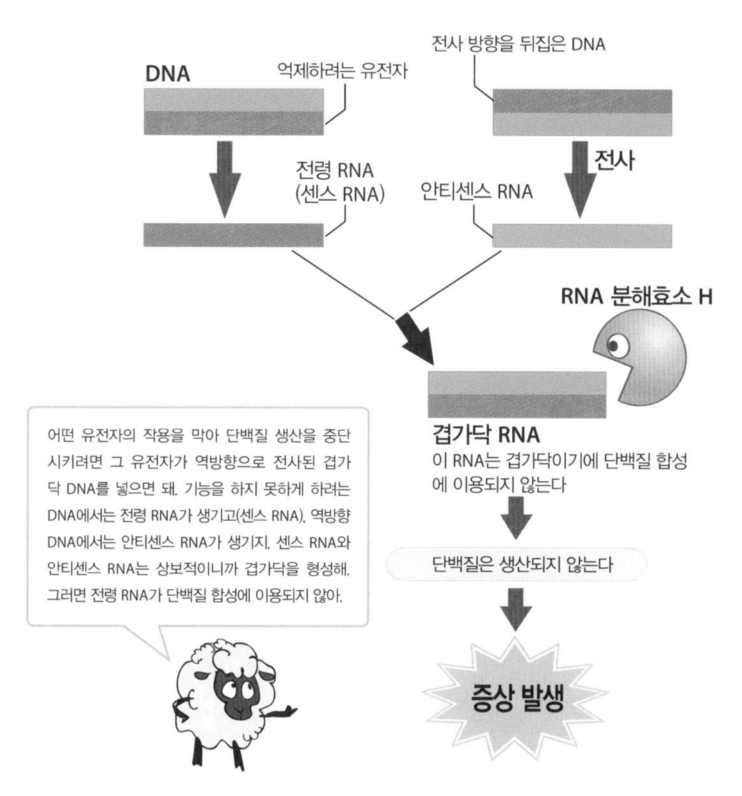

자료2-10b **안티센스 기술을 이용해 유전자의 발현을 억제하는 법**

생물을 위기에서 구하는 단백질

메탈로싸이오닌이라는 단백질은 동물과 식물, 심지어 미생물에도 있는 아주 흔한 단백질이다. '흔하다'라는 건 보잘것없다는 뜻이 아니라 모든 생물의 생존에 꼭 필요한 중요한 단백질이라는 뜻이다.

어떤 동물이 카드뮴, 아연, 구리, 수은 등 중금속이 많은 환경(혹은 스트레스를 주는 환경)에 노출되었다고 가정하자.. 중금속은 생물에게 유독하므로 주변에 많다면 그냥 내버려 둬선 안 된다. 따라서 간은 서둘러 메탈로싸이오닌을 만들어 중금속의 독성을 없앤다(자료2-11a). 지금부터 그 과정을 소개하겠다.

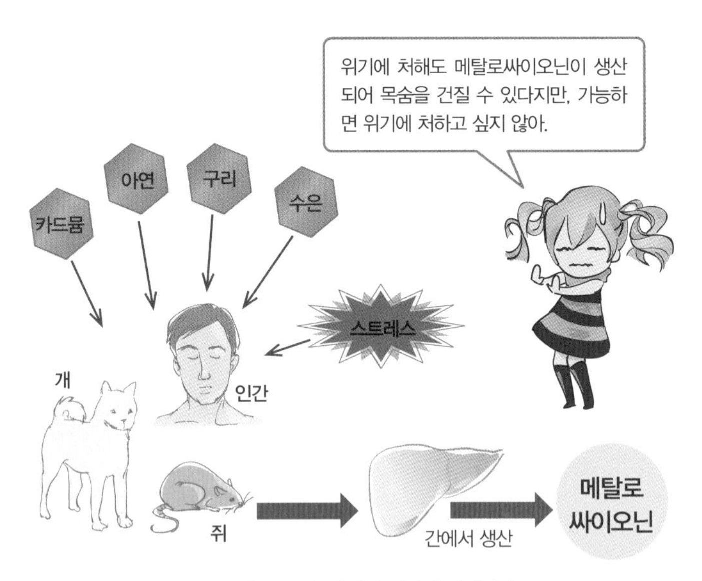

자료2-11a 메탈로싸이오닌은 생물이 위기에 처하면 생산된다

메탈로싸이오닌은 61개의 아미노산으로 이루어진 비교적 작은 단백질이다. 그런데 그 61개 중 약 3분의 1인 21개가 시스테인이다. 시스테인은 황을 함유한 보기 드문 아미노산이라는 점이 중요하다. 모든 아미노산을 고루 갖춘다면 61개의 아미노산으로 된 메탈로싸이오닌에는 시스테인이 3개 정도만 있어도 충분할 텐데 그 7배나 있는 것이다. 이 시스테인이 게의 집게발처럼 중금속을 붙든다(자료2-11b). 덕분에 동물은 중금속의 해악으로부터 몸을 지킬 수 있다.

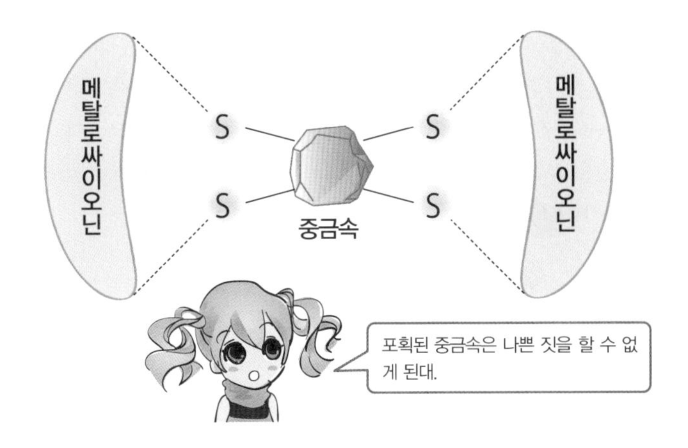

자료2-11b **메탈로싸이오닌이 독극물인 중금속을 포획하는 모습**

메탈로싸이오닌은 생물이 스트레스를 받을 때 세룰로플라스민이라는 단백질과 함께 간에서 만들어져 혈액으로 방출된다(106쪽 자료2-11c).

메탈로싸이오닌을 만드는 데는 아연이 필요하므로 혈액 속의 아연이 간으로 이동한다. 그래서 혈중 아연 농도가 저하된다. 한편 세룰로플라스민은 구리를 안고 있기에 혈중 구리 농도는 높아진다.

그런데 스트레스를 받을 때 세룰로플라스민이 방출되는 이유는 무엇일까? 스트레스는 활성산소라는 맹독을 발생시킨다. 활성산소는 혈관에 상처를 입히거나 혈전을 만든다. 이런 활성산소를 방치하면 생체에 너무 위험하므로 세룰로플라스민이 활성산소를 없애는 것이다.

한편 메탈로싸이오닌은 스트레스에 대한 우리의 민감도를 낮추는 작용을 한다고 추측된다. 스트레스에 대한 민감도가 저하되면 스트레스를 별로 느끼지 않는다. 그러나 메탈로싸이오닌이 스트레스에 대한 민감도를 낮추는 구체적인 기전은 밝혀지지 않았다.

어쨌거나 생체가 역경에 처했을 때 간에서 만들어져 혈액 속에 방출되는 메탈로싸이오닌은 우리를 위기에서 구하는 단백질임이 분명하다.

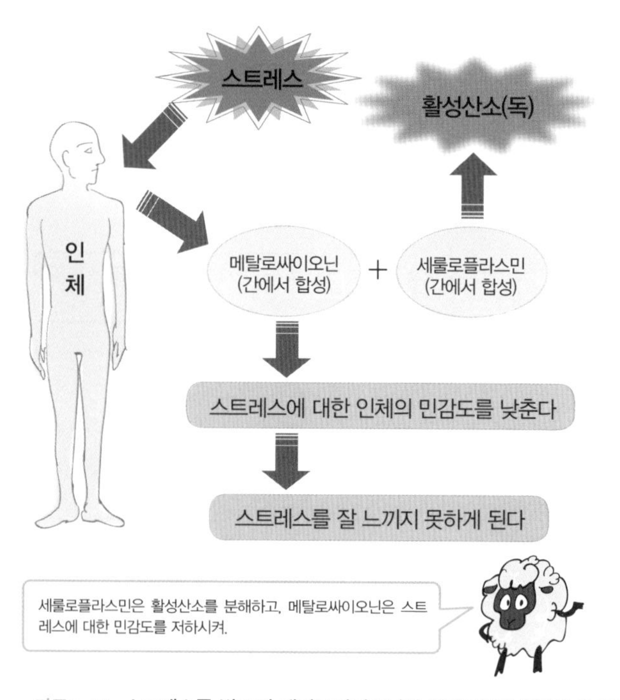

자료2-11c **스트레스를 받으면 메탈로싸이오닌과 세룰로플라스민이 생산된다**

2-12 슈퍼 생쥐를 만들다 ①

동물의 몸집을 불리거나 줄이는 일이 가능할까? 소나 염소를 이용해 인간 단백질을 만드는 데 성공하면 우리는 우유에서 유용한 단백질을 얻을 수 있다. 이것은 이미 현실이 되었다.

만약 성장 호르몬 유전자를 가축에 도입하면 소나 돼지가 빨리, 심지어 크게 성장할 것이다. 그 고기를 먹은 사람에게 어떤 영향이 있을지는 알 수 없지만 말이다.

반대로 성장 호르몬 유전자를 억제하면 작은 동물을 만들 수 있으리라. 가령 소나 말이 소형견만큼 작아지면 가정에서 반려동물로 키울 수 있다.

이 기술을 사자, 코끼리, 기린 등에 적용하면 보통 동물원에서만 볼 수 있던 동물을 반려동물로 삼을 수도 있다.

그리 머지않은 시점에 개나 고양이 대신 사자, 코끼리, 기린을 반려동물로 삼는 시대가 올지 모른다. 이것은 SF 속 이야기가 아니라 비교적 가까운 미래에 실현될 수도 있는 꿈이다.

그런데 어떻게 큰 동물을 만드는 걸까? 포유류를 크게 키우려면 포유류의 체내에서 성장 호르몬을 대량으로 생성하도록 만들면 된다. 그러기 위해서 성장 호르몬 유전자를 동물에게 도입한다. 이 아이디어의 실효성은 1983년 펜실베이니아대학의 랄프 브린스터가 증명했다.

그는 생쥐에 시궁쥐의 성장 호르몬 유전자를 도입했다. 그러자 그 생쥐는 보통 생쥐의 두 배 크기로 자랐다. 이 거대 생쥐를 슈퍼 생쥐라고 한다. 유전자 도입에 성공한 동물(GM 동물) 제1호다.

시궁쥐(ratt)와 생쥐(mouse)는 연구에서 자주 이용되는데 시궁쥐는 생쥐보다 크다. 시궁쥐의 성장은 뇌의 시상하부라는 곳에서 생성되는 성장 호르몬(소마토트로핀)에 의해 컨트롤된다. 작은 생쥐를 크게 만들려면 큰 시궁쥐의 성장 호르몬을 생쥐에게 넣으면 된다. 참고로 인간은 성장 호르몬이 부족하면 소인증이 되고 과잉 분비되면 거인증에 걸린다. 성장 호르몬의 양도 균형이 중요하다.

슈퍼 생쥐를 제작하는 법을 소개한다(자료2-12a).

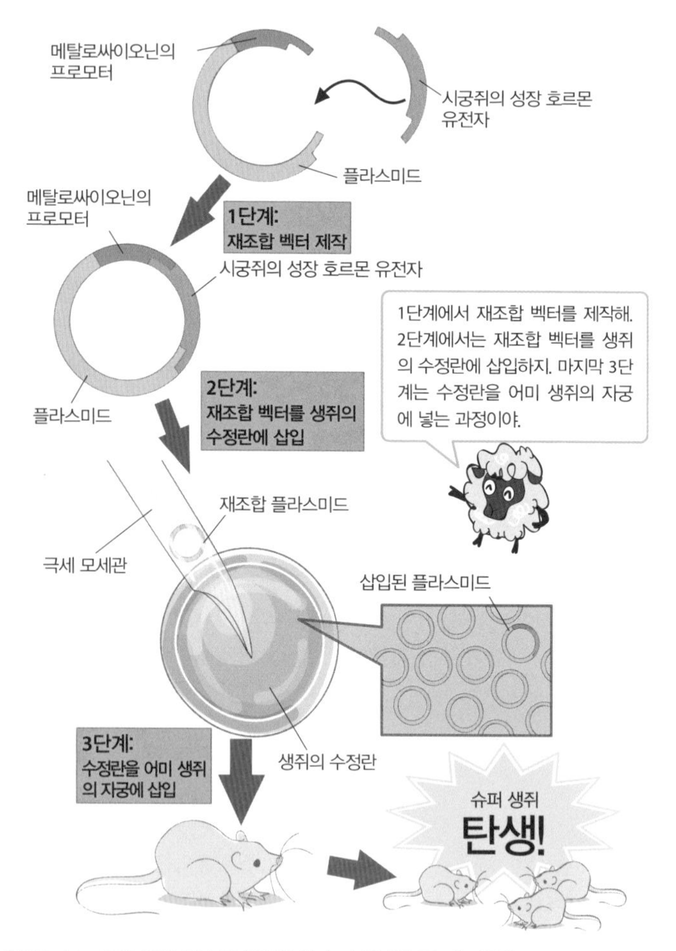

자료2-12a **DNA 변형 기술을 응용해서 슈퍼 생쥐를 만드는 방법**

1단계로 재조합 벡터를 만든다. 준비한 플라스미드에 메탈로싸이오닌의 프로모터를 넣고 그 바로 뒤에 시궁쥐에게서 채취한 성장 호르몬 유전자를 이으면 재조합 벡터가 완성된다. 프로모터란 유전자의 전사 여부를 조절하는 스위치를 말한다(프로모터 부분에 RNA 중합효소가 결합하여 전사가 시작된다. -옮긴이).

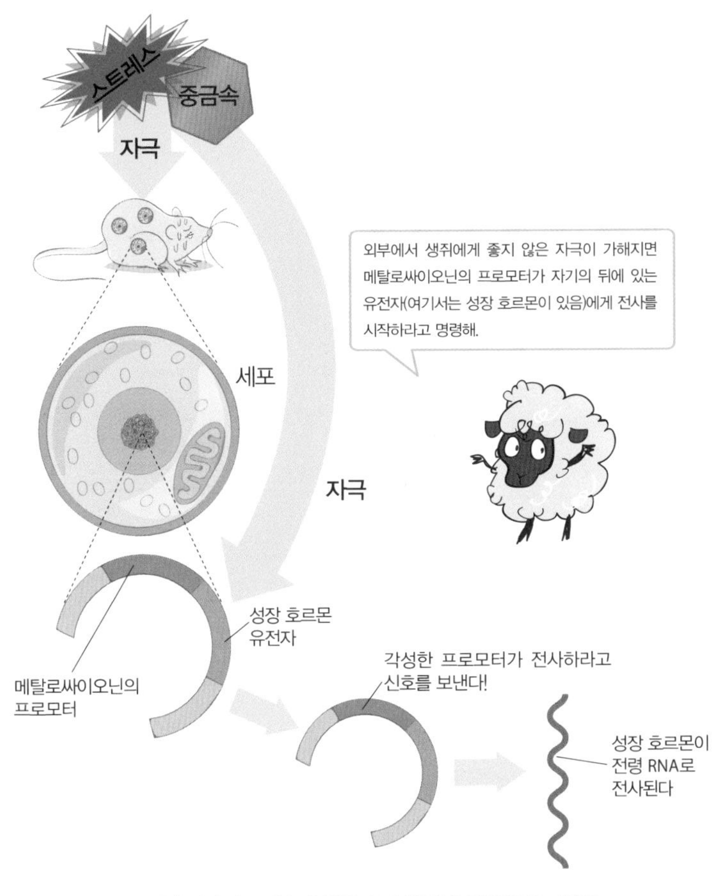

자료2-12b **중금속이나 스트레스에 의해 슈퍼 생쥐가 거대해지는 원리**

메탈로싸이오닌의 프로모터는 동물의 염색체에 있으며 메탈로싸이오닌 유전자를 전령 RNA로 전사시킬지 말지 결정한다. 즉, 생물의 주변 환경에 중금속이 늘어나거나 스트레스 요인이 있으면 프로모터는 자기 뒤에 있는 메탈로싸이오닌 유전자에게 전사를 실행하라고 신호를 보낸다. 그런데 여기서는 프로모터 뒤에 메탈로싸이오닌 유전자 대신 성장 호르몬 유전자가 있다(109쪽 자료2-12b).

2단계로 재조합 벡터를 생쥐의 수정란에 넣는다. 현미경으로 들여다보면서 극세 모세관을 이용해 수백 개의 벡터를 수정란에 삽입한다. 그중 약 2퍼센트가 성공적으로 염색체 속에 심어진다. 다시 말해 성공한 수정란의 염색체에는 메탈로싸이오닌의 프로모터 바로 뒤에 시궁쥐의 성장 호르몬 유전자가 들어가 있다.

3단계로 이 수정란을 어미 생쥐의 자궁에 넣는다. 그러면 이윽고 새끼 생쥐가 태어난다. 새끼 생쥐에게는 시궁쥐의 성장 호르몬을 만드는 유전자가 심어져 있다. 이것이 GM 생쥐의 탄생 과정이다.

이렇게 GM 생쥐가 무사히 탄생했다. 그런데 생쥐에 도입된 유전자가 정말 작동을 할까? 이를 증명하기 위해서는 성장 호르몬 유전자를 가지고 태어난 새끼 생쥐가 일반 생쥐보다 훨씬 크게 자라야 한다.

그럼 GM 생쥐의 발육 상태를 살펴보자. 탄생 직후는 GM 생쥐나 일반 생쥐(대조군)나 같은 크기다. 일반적인 먹이를 주자 두 생쥐는 같은 크기로 자랐다. 즉, 평범하게 자라는 경우에는 GM 생쥐에 있는 성장 호르몬 유전자가 전사 및 번역되지 않았다.

그 이유는 메탈로싸이오닌의 프로모터가 자기 뒤에 있는 성장 호르몬 유전자를 전사하지 않게 하기 때문이다. 전사되려면 메탈로싸이오닌의 프로모터가 '유전자야, 전사를 시작하렴'이라는 신호를 보내야 한다. 그러려면 생쥐에게 스트레스를 주거나 먹이에 소량의 중금속을 섞는다(112쪽 자료 2-13a).

일반 먹이에 아연을 섞자 GM 생쥐는 이를 먹고 점점 성장하여 몸집이 일반 생쥐의 두 배 크기로 자라났다. 이로써 미생물과 마찬가지로 포유동물도 유전자 변형 기술을 적용할 수 있음이 증명되었다. 예측한 결과이긴 했으나 이 성공은 과학자들과 기업가들을 크게 고무시켰다.

정상 시궁쥐나 생쥐는 뇌하수체에서만 성장 호르몬을 생산한다. 그러나 GM 생쥐는 모든 세포에 약 30개의 성장 호르몬 유전자가 도입되어 막대한 양의 성장 호르몬을 생성한다. 실제로 성장 호르몬 유전자를 도입한 생쥐에서 생성된 성장 호르몬의 양은 일반 생쥐의 500배에 달했고, 성장 호르몬을 뒤집어쓴 유전자 변형 생쥐는 다른 생쥐보다 몸집이 두 배나 커졌다. 이것이 슈퍼 생쥐의 탄생 이야기다.

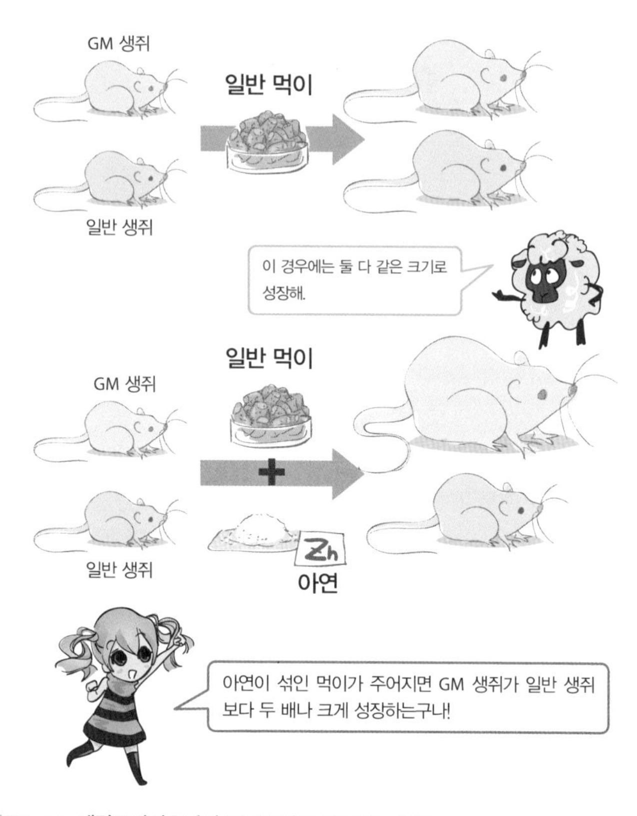

자료2-13a **메탈로싸이오닌의 프로모터를 자극하는 방법**

동물의 수정란에 인간 유전자를 넣어 GM 동물을 만들면 인간 단백질을 생산할 수 있다. 또 가축의 수정란에서 특정 유전자의 작용을 막으면 인간의 질병을 앓는 동물도 제작할 수 있다.

그러나 GM 동물은 정해진 수명이 있기에 언젠가 죽는다. 애써서 인간 단백질을 효율적으로 생산하는 동물을 만들어도 한 세대면 끝난다. 설령 GM 동물이 새끼를 낳는다 해도 그렇게 태어난 새끼는 부모와 다르다. 게다가 다시 수정란에 유전자를 넣어 제작한 GM 동물은 먼젓번에 제작한 것과 성질이 다른, 전혀 별개의 개체다.

농학에서는 유전자 변형 기술과는 별도로 수정란이 분열된 배아를 대리모에 이식하는 배아 이식이 발달했다(114쪽 자료2-14a).

수정란이 2회 분열해서 4개의 세포가 되었을 때 각각의 세포를 양부모(일시적으로 어미 역할을 하는 암컷을 뜻하며 대리모라고도 한다)의 자궁에 이식하면 원리적으로는 완전히 같은 가축을 4마리 얻을 수 있다. 실제로는 대리모에게 이식해도 임신율이 낮아 평균 2마리밖에 태어나지 않지만, 소를 대상으로 한 배아 이식은 이미 실용화되었다.

그렇지만 이 방법도 한 번의 배아 이식으로 가축을 2마리밖에 얻을 수 없는 데다가 태어난 새끼가 어떻게 자랄지 알 수 없다는 문제를 안고 있다. 당연한 말이지만, 부모에게서 태어난 형제라고 해도 성격과 체격은 다르게 마련이다.

이로써 과제는 명확해졌다. 배아 이식의 효율을 높여야 한다는 것, 능력이 확실하게 검증된 부모와 완벽하게 같은 복제물을 만들어야 한다는 것이다. 그러려면 수가 한정된 배아 대신 거의 무한한 체세포를 이용해야 한다.

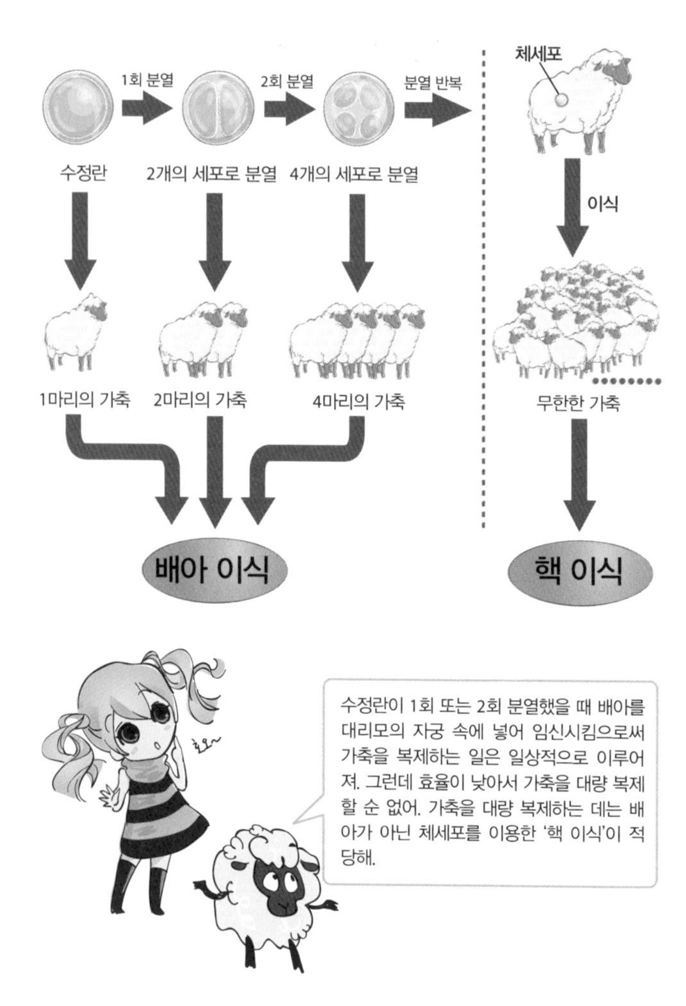
1회 분열
2회 분열
분열 반복
체세포
수정란
2개의 세포로 분열
4개의 세포로 분열
이식
1마리의 가축
2마리의 가축
4마리의 가축
무한한 가축
배아 이식
핵 이식
수정란이 1회 또는 2회 분열했을 때 배아를 대리모의 자궁 속에 넣어 임신시킴으로써 가축을 복제하는 일은 일상적으로 이루어져. 그런데 효율이 낮아서 가축을 대량 복제할 순 없어. 가축을 대량 복제하는 데는 배아가 아닌 체세포를 이용한 '핵 이식'이 적당해.

자료2-14a **배아 이식에 의한 클론과 핵 이식에 의한 클론**

그래서 발명된 것이 핵을 제거한 난자 속에 체세포의 핵을 넣는 핵 이식이라는 기술이다. 1996년 7월 영국 로슬린 연구소의 이언 윌머트 연구팀과

벤처기업인 PPL 테라퓨틱스 사는 핵 이식 기술을 사용해 6세 암컷 양의 유선 세포에서 복제 양 돌리를 탄생시켰다.

이 사실이 발표된 때는 이듬해 1997년 2월. 돌리의 탄생 소식은 전 세계로 퍼져 마치 벌집을 들쑤신 듯한 소동이 일어났다. 핵 이식을 응용하면 매릴린 먼로나 아돌프 히틀러의 복제인간을 만들 수 있다는 등의 이야기도 꽤 선정적으로 선전되었다. 그 와중에 미국의 리처드 시드(미국의 물리학자이자 기업가. 인간 복제에 대한 국가적 논쟁을 일으킨 것으로 유명하다. -옮긴이)는 불임 커플을 대상으로 복제아기를 만드는 진료소를 개설하겠다고 선언하여 논란을 부추겼다. 그 발언에는 당시 미국의 빌 클린턴 대통령 그리고 많은 과학자가 강한 반대 의사를 표명했다.

가령 인류가 먼로나 히틀러의 유전자를 가진 인간을 만들 수 있게 되어 그들과 유전적으로 완전히 같은 인간을 복제했다고 치자. 즉, 먼로나 히틀러의 복제인간이 생긴 것이다. 하지만 복제 인간은 결코 먼로나 히틀러 본인이 아니라 다른 인격을 가진 '다른 사람'이다. 일란성 쌍둥이일지라도 서로 완전히 다른 사람인 것과 같은 이치다. 거기에 더해 사회와 시대가 다르고 언어 등의 환경이 다르기에 진짜와 복제인간은 서로 상당히 비슷한 환경에서 자란 일란성 쌍둥이만큼도 비슷하지 않다.

핵 이식은 그저 난자로 유사 생식을 일으키는 일이므로 수정란 조작에 가깝다. 그러므로 핵 이식을 인간 난자에 적용하는 일은 신중해야 한다.

다음으로 복제양이 어떤 식으로 제작되었는지 살펴보겠다(116쪽 자료 2-14b).

핵 이식에서는 이식을 받는 난자를 레시피엔트세포, 핵을 제공하는 쪽을 도너세포라고 부른다. 일단 난자를 둘러싼 투명체에 마이크로피펫을 찔러 넣어 극체(난자가 성숙하면서 분열하는 과정에서 만들어졌다가 퇴화하는 세포. -옮긴이)와 염색체를 꺼낸다.

다음으로 투명체에 뚫린 구멍으로 도너세포의 유선세포를 한 개 넣는다. 이 단계에서는 난자와 도너세포가 인접해 있을 뿐 아무 일도 일어나지 않는다. 이것에 전기 자극을 가하면 도너세포와 난자가 붙은 곳에 구멍이 생

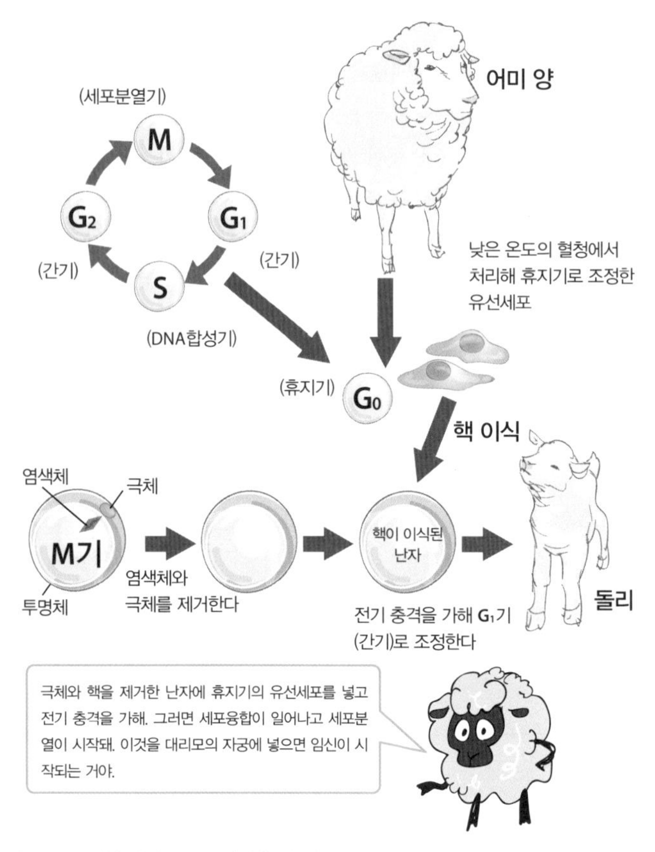
(세포분열기)
M
G2
G1
(간기)
S
(간기)
(DNA합성기)
어미 양
낮은 온도의 혈청에서
처리해 휴지기로 조정한
유선세포
(휴지기)
G0
핵 이식
염색체
극체
M기
투명체
염색체와
극체를 제거한다
핵이 이식된
난자
돌리
전기 충격을 가해 G1기
(간기)로 조정한다
극체와 핵을 제거한 난자에 휴지기의 유선세포를 넣고 전기 충격을 가해. 그러면 세포융합이 일어나고 세포분열이 시작돼. 이것을 대리모의 자궁에 넣으면 임신이 시작되는 거야.

자료2-14b **핵 이식으로 복제양을 만드는 법**

기고 세포융합이 일어난다. 그리고 도너세포의 핵이 난자의 핵이 있던 자리에 들어가 난자의 핵을 대신한다. 이것으로 핵 이식 자체는 끝났다.

눈치챘겠지만 핵 이식은 도너세포에서 핵만 빼서 난자 속에 넣는 것이 아니라, 세포와 세포가 융합한 결과 도너세포에서 레시피엔트세포로 핵이 이동하고 발생이 시작되는 것이다.

핵 이식이 끝난 난자를 대리모의 자궁 속에 넣자 임신이 시작되어 150일

후 6세인 어미 양과 완전히 같은 유전자를 가진 돌리가 탄생했다.

발표된 핵 이식의 성공률은 0.3퍼센트로 상당히 낮았다. 그 확률을 표로 정리했다(자료2-14c).

체세포인 유선세포에서 돌리가 탄생한 일은 기초생물학에도 큰 충격을 주었다. 처음에는 하나의 수정란이었던 것이 분열을 거듭하면서 조금씩 성질이 변하는데 이것을 분화라고 하고, 개체의 부분인 조직이나 장기로 거듭나는 과정을 발생이라고 한다. 기존 생물학의 상식에 따르면 포유동물의 분화는 결코 이전 단계로 돌아가지 않는 비가역적인 것이었다. 그러나 분화된 체세포인 유선세포에서 돌리가 탄생함으로써 분화는 가역적임이 밝혀졌다. 이로써 생물학의 상식은 뒤집혔다.

	성공률	
수정란의 개수	277개	
발생 개수	29개	10%
대리모에게 이식한 개수	13개	4%
태어난 양	1마리	0.3%

출처: Wilmut. I. *et al. Nature* 385(6619). 810–813.(1997).

자료2-14c **핵 이식으로 복제 양 '돌리'가 탄생했을 당시 클로닝 성공률**

2-15 쓰레기로 여겨지던 바이오매스의 변신

여름에는 냉방, 겨울에는 난방, 그리고 영화와 텔레비전과 인터넷. 참, 운동으로 땀을 흘린 뒤 마실 맥주를 시원하게 보관하기 위한 냉장고. 거기에 애인과 드라이브를 즐기기 위한 자동차까지. 모두 우리 생활을 쾌적하게 만드는 도구다. 공통점은 에너지를 소비한다는 것이다.

18세기에 영국에서 산업혁명이 시작된 후로 우리는 석탄, 석유, 천연가스 같은 화석연료를 태우거나 우라늄을 원료로 원자력발전을 가동해서 에너지를 획득해 왔다. 그러나 석탄, 석유, 천연가스, 우라늄은 결국 모두 소비될 것이다. 자원은 유한하고 언젠가 고갈된다.

물론 고갈되지 않는 에너지원도 있다. 그중 하나가 수력발전인데, 댐 위에서 낙하시킨 물로 터빈을 돌려 에너지를 얻으니 물이 있는 한 무한히 가동할 수 있다. 이렇게만 생각하면 수력발전은 고갈되지 않는 '깨끗한' 에너지 같지만, 수력발전을 돌리려면 물을 비축할 댐이 필요하다. 댐을 건설하려면 도로를 놓고 삼림을 벌채해야 하므로 환경이 파괴된다. 이것이 수력발전의 약점이다.

그 외에도 유한한 자원을 대신할 에너지원으로 풍력, 태양광, 지열 등이 개발되고 있으나 효율이 낮다는 문제가 있다.

그래서 기대를 모으는 것이 유전공학과 바이오매스의 조합이다(자료 2-15a). 바이오매스란 어느 일정 구역에 존재하는 모든 유기물을 말하는데 식물이나 해초, 심지어 동식물의 사체나 인간과 동물의 분뇨까지 포함된다(말 그대로 생물(Bio)의 총 덩어리(Mass)라는 뜻. -옮긴이).

요컨대 바이오매스는 환경을 오염시키는 쓰레기와 같은 것으로 여겨져 왔다. 그 쓰레기, 아니, 지금껏 이용되지 않던 자원을 활용해 유용한 물질로 바꾼다. 그러기 위해 유전자가 변형된 미생물의 힘을 빌리자는 발상이다.

이용하기에 따라 쓰레기라고만 생각했던 바이오매스가 귀중한 자원으로 변신한다. 쓰레기를 줄일 수 있을뿐더러 에너지도 얻을 수 있으니 일석이조다.

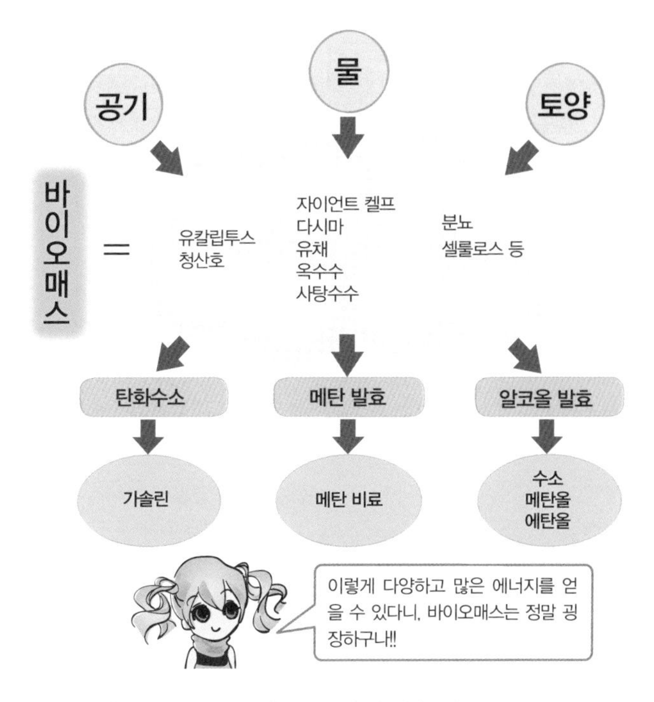

자료2-15a **재활용할 수 있는 깨끗한 에너지원인 바이오매스**

자이언트 켈프나 다시마 같은 해초를 산소가 없는 조건에서 발효시키면 메탄가스가 발생하는데 메탄은 연료로 사용 가능하다. 또 발효 과정에서 생긴 침전물은 비료로 기능하여 밭에 뿌리면 농작물을 여물게 한다.

폐당밀(사탕수수에서 설탕을 채취하고 남은 찌꺼기) 같은 농업 폐기물을 이스트(효모)에게 먹이면 수소, 메탄올, 에탄올 등의 유용한 물질이 생긴다. 수소와 메탄올은 연료가 되고 에탄올은 플라스틱, 염료, 의약품 등의 원료가 된다.

한편 유칼립투스나 청산호에서는 가솔린의 성분인 탄화수소가 생긴다.

식물에 많이 포함된 셀룰로스도 사용되지 않는 자원 중 하나다. 책이나 신문 등을 만드는 데 쓰는 종이가 셀룰로스로 이루어져 있는 대표적인 물질이다. 셀룰로스는 포도당이 많이 이어진 것인데 그 구조는 전분이나 글리코겐과 아주 비슷하다.

식물 등에 들어 있는 전분이나 인간의 몸에 저장된 글리코겐은 효소에 의해 포도당으로 분해되어 영양소로 쓰이지만, 이와 대조적으로 셀룰로스는 아무리 먹어도 영양소로 바뀌지 않는다. 인간이 셀룰로스를 소화할 수 있는 효소가 없기 때문이다.

그렇지만 자연계에는 셀룰로스를 적극적으로 먹는 박테리아가 있다. 이 박테리아에는 셀룰로스를 포도당으로 분해하는 셀룰레이스라는 효소가 있다. 포도당은 또 다른 효소에 의해 알코올로 변환된다. 만약 훨씬 높은 효율로 셀룰로스를 포도당으로 바꾸고 싶다면 유전자 변형 박테리아를 육성하면 된다(자료2-15b).

그 응용 사례로서 소주를 생산하고 남은 찌꺼기를 셀룰레이스로 분해하는 경우를 소개하겠다.

소주는 곡물이나 감자를 발효한 후 증류시켜 만드는데 이때 찌꺼기가 생긴다. 이 찌꺼기는 단백질 등의 영양소가 풍부하기에 해양 생물의 먹이가 된다는 이유로 바다에 버려졌다. 하지만 차츰 지구 환경 보호가 중시되면서 모든 산업폐기물을 바다에 버릴 수 없게 되었다.

소주를 만들고 남은 찌꺼기는 점도가 너무 높아서 수분을 증발시켜 건조시키기 힘들다. 점도를 높이는 범인(?)은 곡물이나 감자에 포함된 셀룰로스다. 따라서 셀룰레이스를 이용해 셀룰로스를 분해하면 점도가 낮아져 수분을 쉽게 증발시킬 수 있다. 이렇게 건조한 찌꺼기는 소의 먹이로도 이용할 수 있다. 즉 셀룰레이스를 이용하면 산업폐기물을 바다에 버리지 않아도 될 뿐 아니라 가축의 먹이까지 만들 수 있다.

셀룰로스

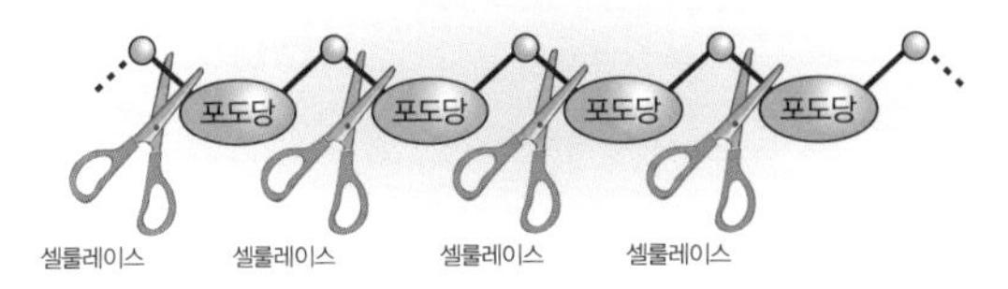

전분(혹은 글리코겐)

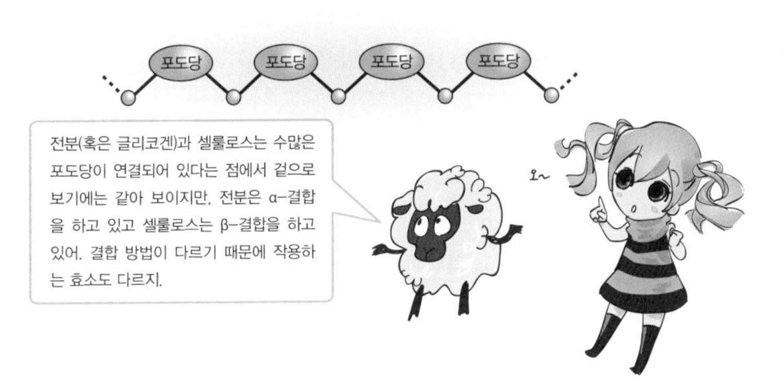

포도당
포도당
포도당
포도당
전분(혹은 글리코겐)과 셀룰로스는 수많은 포도당이 연결되어 있다는 점에서 겉으로 보기에는 같아 보이지만, 전분은 α-결합을 하고 있고 셀룰로스는 β-결합을 하고 있어. 결합 방법이 다르기 때문에 작용하는 효소도 다르지.

자료2-15b **셀룰로스 VS. 전분(혹은 글리코겐)의 형태**

2 16 반딧불이로 식품 오염을 검사하기

여름 밤, 아름다운 빛을 뿜으며 날아다니는 반딧불이. 많은 사람이 어린 시절 그 아름다운 빛에 홀려 반딧불이를 쫓아가 본 경험이 있을 것이다. 추억 속 그리운 반딧불이는 식품을 제조할 때 미생물에 오염된 정도를 검사하는 데 쓰인다.

병원성대장균 혹은 살모넬라균에 의한 대규모 식중독이 수차례 일본을 덮쳐 왔다. 식중독을 예방하기 위해서는 식육, 햄, 소시지를 제조하는 생산 라인이나 슈퍼마켓의 조리장이 미생물에 오염되지 않았음을 확인해야 한다.

미생물 오염을 검사할 때는 생산 라인이 중단되므로 그 시간을 최대한 줄이는 방법이 필요하다. 전에는 검사할 도마 등을 면봉이나 거즈로 닦아내어 부착된 미생물을 배양해 그 양을 측정하는 미생물 배양법이 쓰였다.

이 검사는 닦아낸 것을 한천배지에서 하룻밤 배양한 뒤 생성된 박테리아 콜로니(군체)의 수를 세어야 하므로 결과를 얻는 데 꼬박 하루가 걸렸다. 더 빨리 박테리아의 수를 알고 싶다는 것이 식품을 제조 · 관리하는 현장의 목소리였다. 이 문제를 해결한 것이 반딧불이를 활용한 미생물 오염 검출법이다.

우선 반딧불이가 빛나는 원리부터 살펴보자(자료2-16a). 반딧불이의 엉덩이에는 루시페린이라는 물질이 있는데 이것이 공기 중의 산소와 만나면 산화 루시페린으로 변한다. 이 산화 루시페린이 반딧불이가 암흑 속에서 밝게 빛을 내도록 하는 물질이다. 물론 효소가 없으면 이 반응이 일어나지 않지만 루시페레이스라는 효소와 ATP(아데노신3인산)가 있으면 반응은 고속으로 일어난다.

루시페린과 루시페레이스의 양이 항상 일정하다면 밝기는 ATP의 양에

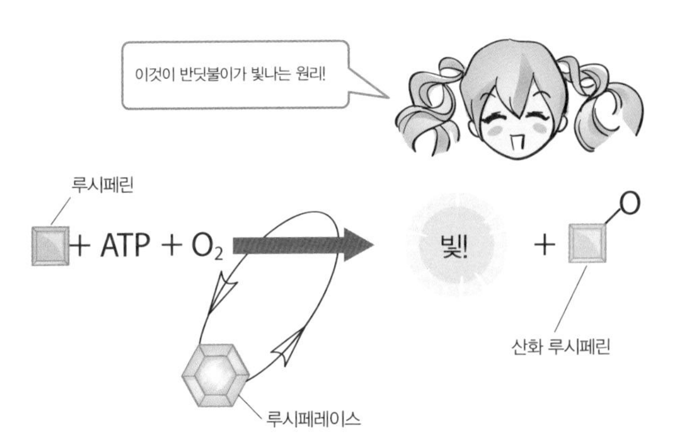

자료2-16a 반딧불이가 빛을 내는 원리

비례한다. 그래서 루시페린과 루시페레이스로 ATP의 양을 알 수 있다. ATP는 아데닌에 인산이 3개 붙은 물질로, 모든 생물(미생물 포함)에 존재하면서 근육을 움직이거나 혹은 체내의 화학반응을 실행하는 데 에너지원이 된다. 따라서 ATP의 양은 미생물의 양에 비례한다.

즉, ATP의 양을 측정하면 조리장이나 식품의 생산 라인에 미생물이 얼마나 있는지, 다시 말해 얼마나 미생물에 오염됐는지 알 수 있다. 그것도 아주 짧은 시간(약 10초)에 고감도로 말이다.

이 방법은 식육, 햄, 소시지의 제조 시설이나 슈퍼마켓 조리장이 미생물에 오염됐는지 여부를 간편하게 확인하는 데 이용된다.

반딧불이로 오염을 확인하는 과정을 살펴보자(124쪽 자료2-16b). 우선 검사 대상을 면봉으로 닦아 내어 물이 든 시험관 안에 넣는다. 미생물 안에는 ATP가 반드시 있음을 기억하자. 그 다음, 시험관에 기름을 넣어 미생물을 파괴하여 ATP를 미생물 밖으로 꺼낸다. 마지막으로 루시페레이스와 루시페린의 혼합액을 한 방울 떨어뜨리면 반짝 빛난다. 발생하는 빛의 세기를 형광광도계로 측정하면 미생물의 개수를 재빨리 측정할 수 있다.

이 방법을 쓰려면 루시페린과 루시페레이스가 필요하다. 루시페린은 저렴하게 입수할 수 있다. 문제는 루시페레이스를 어디서 입수하느냐는 것이

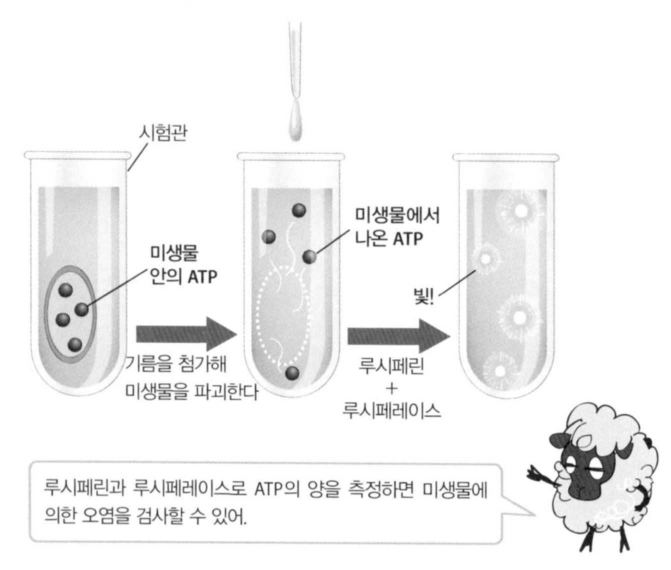
시험관
미생물
안의 ATP
기름을 첨가해
미생물을 파괴한다
미생물에서
나온 ATP
루시페린
+
루시페레이스
빛!
루시페린과 루시페레이스로 ATP의 양을 측정하면 미생물에
의한 오염을 검사할 수 있어.

자료2-16b **반딧불로 오염을 검출하는 방법**

다. 물론 반딧불이를 잡으면 되지만 반딧불이가 어느 때고 안정적으로 잡히는 건 아니다.

따라서 일본의 깃코만바이오케미파 사는 루시페레이스를 유전공학으로 대량 생산하여 반딧불을 이용한 오염 검사를 실용화했다. 이 회사가 만든 시약 키트는 루시펠이라는 상품명으로, 형광광도계는 루미테스터라는 상품명으로 판매되고 있다.

루시페레이스의 대량 생산법을 그림으로 정리했으니 함께 살펴보자(자료2-16c). 반딧불이의 한 종류인 겐지반딧불이의 엉덩이에는 발광기가 붙어 있는데 이 세포에서 루시페레이스의 전령 RNA를 추출한다. 거기에 역전사효소를 첨가해 상보적 DNA를 만들고 플라스미드에 넣는다. 그 재조합 플라스미드를 대장균에 삽입해 배양하면 루시페레이스가 대량으로 생성된다.

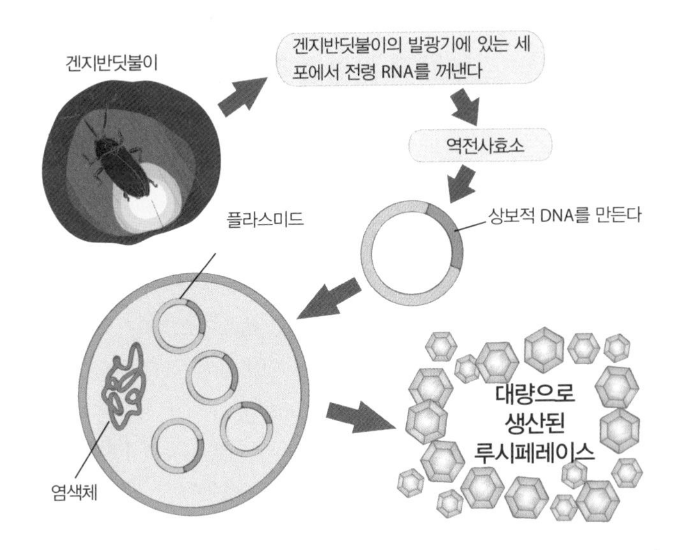
겐지반딧불이
겐지반딧불이의 발광기에 있는 세포에서 전령 RNA를 꺼낸다
역전사효소
상보적 DNA를 만든다
플라스미드
염색체
대량으로 생산된 루시페레이스

자료2-16c **대장균을 이용해 겐지반딧불이의 루시페레이스를 대량 생산하는 방법**

2
17
누에가 만들어 주는 에이즈 예방약

지구에 사는 약 3000만 종의 곤충 중에서 지금까지 우리 생활에 이용되는 녀석들은 누에와 꿀벌 정도다. 그 외에는 잊힌 것을 넘어 아예 미움을 받고 있다. 농작물을 갉아먹고 병을 옮기는 종은 해충으로 불리기도 한다. 그 정도로 곤충은 인간에게 '얄미운 녀석'이다. 해충을 퇴치하기 위해 농약까지 개발되었다.

그런데 지구 자원의 유한함을 의식하게 되자 최대의 잠재적 자원이라고 할 수 있는 곤충을 이용하자는 생각이 싹텄다. 그때 눈에 들어온 것이 누에다. 지금까지 했던 것처럼 누에에서 고치를 거둬 만드는 비단으로는 나일론을 당해 낼 수 없다. 그 대신 누에에게 유용한 단백질을 만들게 하는 것이다.

알에서 부화한 누에의 유충은 잠들 때마다 나이를 먹으며 탈피한다. 한 번 잠들어 한 번 탈피하면 2령이 되고 네 번 잠들어 네 번 탈피하면 5령에 이른다. 누에는 5령이 끝이다. 그후에는 유충의 최종 단계인 숙잠(다 자라서 뽕 먹기를 그치고 몸이 투명해진 누에. -옮긴이)이 되어 실을 토한다. 누에의 수면은 곰의 동면과 달라서 반년 동안 이어지진 않는다. 매 수면이 고작 4~5일이면 끝나므로 유충기로부터 약 23일이면 5령에 이른다(자료 2-17a). 그동안 누에는 1령에 비해 1만 배 커진다.

토해 낸 실로 누에는 고치를 짓는다. 고치가 완성되면 유충은 번데기를 거쳐 성충이 된다. 성충은 고치를 살짝 녹여 구멍을 내고 밖으로 나온다. 나방이 된 누에의 암컷은 교미하여 약 500개의 알을 낳고 죽는다. 이것이 누에의 일생이다.

예부터 인간에게 길들여진 누에는 인간이 먹이를 주지 않으면 살아갈 수 없기에 먹이 주변에서 달아나지 않는다. 먹이로는 뽕잎뿐만 아니라 사과 같은 것도 잘 먹는다. 무척 기르기 쉬운 곤충이라 할 수 있다.

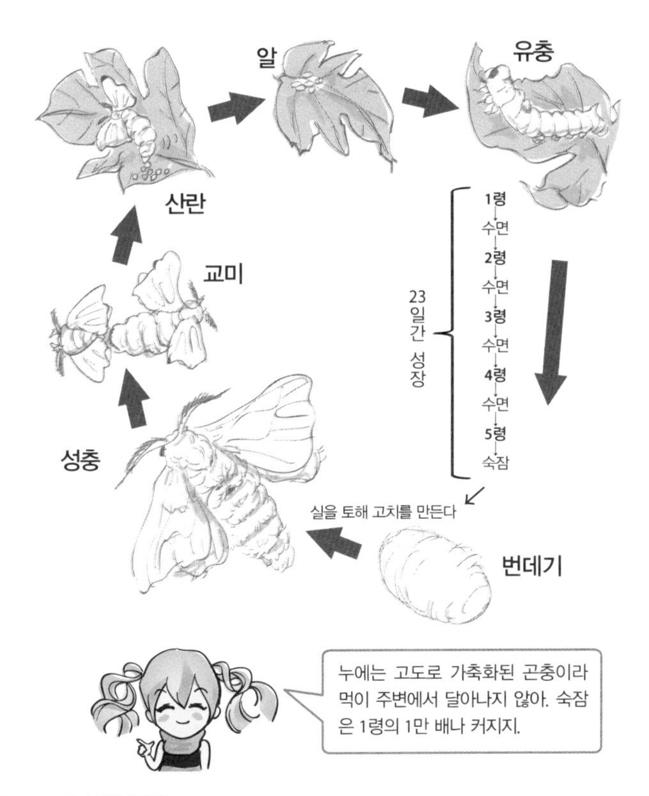

자료2-17a **누에의 일생**

누에를 이용해 유용한 단백질을 생산하는 데는 두 가지 이점이 있다. 첫째, 누에의 세포는 인간과 같은 진핵세포이기에 누에가 생성한 단백질에는 당이 붙는다. 따라서 누에가 만든 단백질은 대장균이 만든 것에 비해 인간 단백질에 가까워서 알레르기 반응이나 부작용이 적을 것으로 기대된다.

둘째, 1마리의 누에로 단백질 대량 생산이 가능하다. 누에 1마리는 약 0.4밀리그램의 인터페론(IFN)을 생산할 수 있다. 같은 양의 단백질을 대장균으로 생산하려면 대장균을 몇 리터는 배양해야 하는 것과 대조적이다. 누에는 그야말로 성능 좋은 '생체 공장'이라고 할 수 있다.

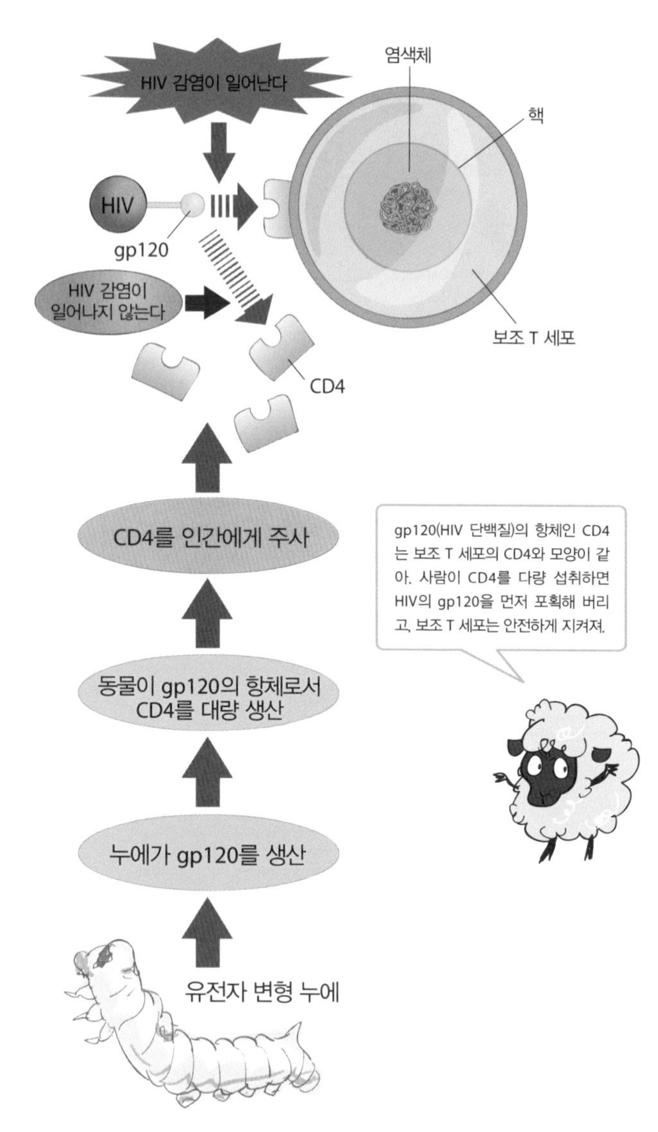

자료2-17b **유전자 변형 누에에서 생산된 gp120이 HIV 감염을 막는 원리**

농림수산성 연구소(잠사 · 곤충농업기술연구소, 현재는 농업생물자원연구소)의 하라 도시오는 누에에 유전자 변형 기술을 적용하여 HIV(인간면역결핍바이러스)의 gp120이라는 단백질을 효율적으로 생산하는 데 성공했다. 심지어 그렇게 만들어진 gp120의 양은 세포 배양으로 생산한 양의 100배에 달했다. 농림수산성연구소는 2만 마리 이상의 누에를 사육할 수 있는 시스템을 갖추고 gp120의 대량 생산 설비를 개발했다.

어째서 gp120의 생산이 중요할까? HIV 감염은 인간 체내에 침입한 HIV가 면역세포의 우두머리인 보조 T 세포에 침입하면서 시작된다. 이때 HIV 표면에 있는 gp120이 보조 T 세포의 CD4라는 수용체에 달라붙는다. 이 달라붙음을 막으면 HIV 감염을 막을 수 있다(자료2-17b).

그러기 위해서는 혈액 속에 대량의 CD4를 넣으면 된다(HIV가 혈액 속에 압도적으로 많은 CD4에 달라붙느라 보조 T 세포의 CD4에 붙지 않기 때문이다). 그렇다면 대량의 CD4는 어떻게 얻을 수 있을까? 답은 gp120을 동물에 주사하는 것이다. 그러면 동물이 CD4를 항체로서 대량 생산한다. 그러므로 반드시 대량의 gp120이 필요하다는 결론에 다다른다.

옛날에는 고치를 생산하던 누에가 지금은 유전공학을 지탱하는 생체 공장으로 변해 가고 있다.

2-18 누에가 고양이와 개를 구한다

일본은 전례 없는 반려동물 붐을 맞았다. 반려동물 하면 역시 고양이와 개. 그런데 고양이와 개를 괴롭히는 바이러스가 있다. 고양이를 감염시키는 고양이 칼리시바이러스, 개를 감염시키는 개 파보바이러스다.

고양이 칼리시바이러스는 헤르페스바이러스와 공모해서 고양이를 감염시킨다. 두 바이러스의 습격으로 고양이는 기운을 잃고 눈이 충혈될 뿐만 아니라 구내염, 혀 궤양, 콧물, 재채기 등의 증상을 보이며 괴로워한다.

한편 개가 개 파보바이러스의 습격을 받으면 어떻게 될까? 일단 기운을 잃고 구토, 설사, 식욕부진 등의 증상을 보인다. 심지어는 사망할 수도 있다.

개 파보바이러스 감염증은 1978년 미국에서 처음 발생하여 눈 깜짝할 새에 전 세계로 퍼졌다. 이 바이러스는 매우 끈질겨서 티끌이나 먼지에 섞인 상태로 6~7개월이나 살아남는다. 웬만한 소독에는 죽지 않는 아주 성가신 녀석이다.

틀림없이 두 바이러스로부터 자기 집 개나 고양이를 지키고 싶은 애견가와 애묘가가 전국에 많을 것이다.

고양이 인터페론(IFN)이 고양이 칼리시바이러스와 개 파보바이러스를 모두 격퇴한다는 사실이 밝혀졌다. 고양이 인터페론은 170개의 아미노산으로 이루어진 당단백질인데 인터캣이라는 상품명으로 화학 · 섬유회사인 도레이 사에서 개발되어 일본, 북미, 중남미에서 판매되고 있다.

고양이 인터페론은 인터페론 유전자가 심어진 바큘로바이러스를 누에에 주사하여 탄생했다. 바큘로바이러스는 단백질 생산 효율이 아주 높아서 인터페론 유전자의 벡터로 선택되었다.

그럼 어떻게 누에에게 인터페론을 생산하게 하는지 알아보자(자료 2-18a).

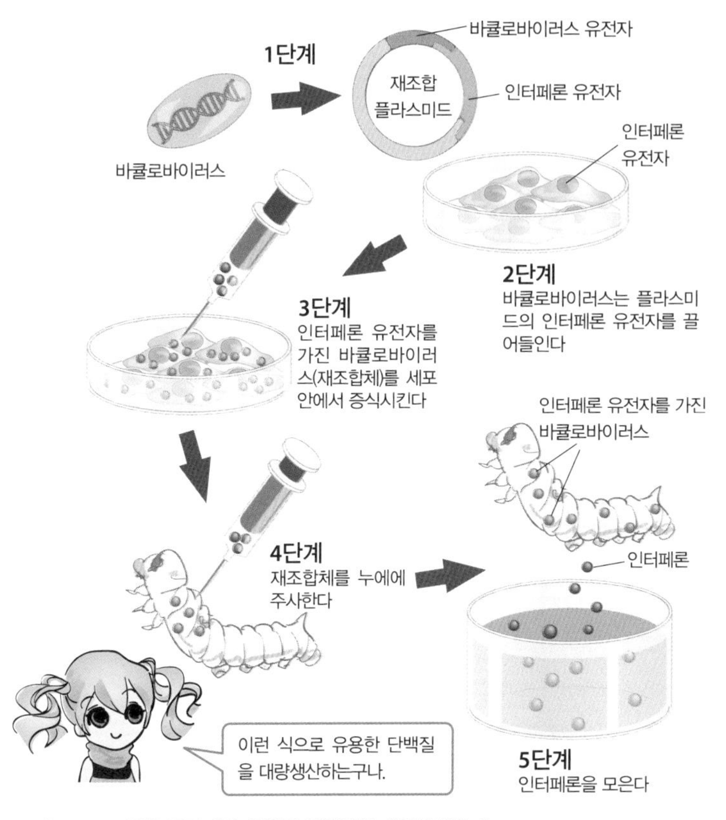
1단계
바큘로바이러스 유전자
재조합
플라스미드
인터페론 유전자
바큘로바이러스
인터페론
유전자
2단계
바큘로바이러스는 플라스미드의 인터페론 유전자를 끌어들인다
3단계
인터페론 유전자를 가진 바큘로바이러스(재조합체)를 세포 안에서 증식시킨다
인터페론 유전자를 가진
바큘로바이러스
4단계
재조합체를 누에에 주사한다
인터페론
이런 식으로 유용한 단백질을 대량생산하는구나.
5단계
인터페론을 모은다

자료2-18a **곤충 공장에서 유용한 단백질을 대량생산하다**

1단계, 벡터를 제작한다. 인터페론 유전자와 함께 바큘로바이러스 유전자의 일부를 플라스미드에 넣어 재조합 플라스미드를 만든다.

2단계, 바큘로바이러스와 재조합 플라스미드를 모두 누에의 세포 속에 넣는다. 그러면 바큘로바이러스가 누에 세포를 감염시키고 곧장 자가복제를 시작한다. 이때 바큘로바이러스는 재조합 플라스미드에 있는 바큘로바이러스 유전자의 일부를 알아차리게 된다. 바큘로바이러스는 이 부분을 자신의 DNA로 끌어들이는데, 그 과정에서 인터페론 유전자가 바큘로바이러스의 DNA에 편입된다. 이로써 인터페론 유전자를 가진 재조합 바큘로바이러스가 탄생한다. (2개의 이중가닥 DNA 분자들이 서열이 같은 부분을 인식해 서로의 DNA 조각을 교환하는 현상인 '상동재조합'을 이용한 것이다. -옮긴이)

3단계, 재조합 바큘로바이러스를 세포 안에서 꺼낸다. 그리고 그것으로 다시 새로운 누에 세포를 감염시켜 순수하게 증식시킨다.

4단계, 증식된 재조합 바큘로바이러스를 살아 있는 누에에 주사한다. 또는 재조합 바큘로바이러스를 먹이에 섞어 먹인다. 두 방법 모두 바이러스가 누에를 감염시키는 것이 확인되었다. 누에는 재조합 바큘로바이러스의 명령에 따라 착실히 인터페론을 생산한다.

5단계, 누에가 생산한 인터페론을 모은다.

인간 유전자를 도입해 인간 단백질을 생산하는 '동물 공장'은 이미 미국이나 유럽에서 활약 중이지만, 누에 같은 '곤충 공장'은 일본이 세계에 몇 걸음 앞선 특별한 기술이다. 누에 공장이 인터페론이나 gp120뿐만 아니라 많은 유용한 단백질을 생산할 것이 틀림없다.

이 연구는 돗토리대학의 마에다 스스무 등에 의해 추진되어 1985년 6월 13일호의 『네이처』에 발표되었다. 그 후 마에다는 뛰어난 연구를 인정받아 농학으로 유명한 UCD(캘리포니아대학 데이비스 캠퍼스)에 교수로 임용되어 활약을 이어갔다. 그러다 1998년 3월 26일, 심부전 때문에 47세라는 젊은 나이로 세상을 떠났다. 유감스러울 따름이다. 명복을 빈다.

제 3 장

유전자와 질병, 그리고 치료

유전공학이 점점 발전하는 이유는 인간이 자주 걸리는 많은 질병에 유전자가 깊이 관여하기 때문이다. 마지막 3장에서는 질병의 원인을 비롯하여 유전성 질환, 나아가 질병을 예방하는 유전자 진단 등을 소개한다.

인류의 탄생 이래 지금까지 인간은 질병에 시달렸지만 맞서 싸웠고 매번 승리해 왔다.

질병에는 여러 가지가 있지만 크게 두 종류로 나눌 수 있다. 하나는 천연두, 소아마비, 페스트, 콜레라, 결핵, 병원성대장균 같은 감염증이다. 감염증은 박테리아나 바이러스 같은 병원체가 인체에 침입하여 증식하면 일어나는 병이다. 즉, 감염증은 원인이 인체 바깥에 있는 외인성 질환이다(자료 3-1a).

우리는 박테리아나 바이러스처럼 인체 외부에서 침입하는 병원체에 대해서는 제법 방어 및 공격 체제를 갖추고 있다. 예컨대 의과대학을 설립해 의사를 양성하고, 상하수도를 갖추어 위생 환경을 정비하고, 균형 잡힌 영양소를 충분히 섭취해 면역력을 키우고, 약(주로 항생물질)을 개발하고, 의료 정보를 국민에게 제공한다.

이런 노력에 힘입어 선진국에서는 감염증으로 인한 사망자 수가 이전에 비해 상당히 감소했다. 그러나 이것은 소수 선진국의 이야기. 세계에는 수많은 개발도상국이 있음을 잊으면 안 된다. 개발도상국은 아직 감염증 대책이 미비해서 감염증에 의한 사망이 사망 원인의 대당수를 차지한다.

개발도상국은 위생 환경을 갖출 여유가 없다. 이유로는 종파나 부족 간 대립 때문에 일어나는 내전, 독재정치에 따르게 마련인 정치 부패와 뇌물의 횡행 등을 꼽을 수 있다.

그래도 그중 몇몇 국가는 정세가 안정되고 경제가 발전한 데다, NGO(비정부 조직)의 활동과 국제 원조에 힘입어 열악한 위생 환경이나 치료약 부족 현상은 조금씩 개선되고 있다.

감염증에 대한 대책이란 다름 아닌 병원체를 격퇴하는 일이다. 치료약으

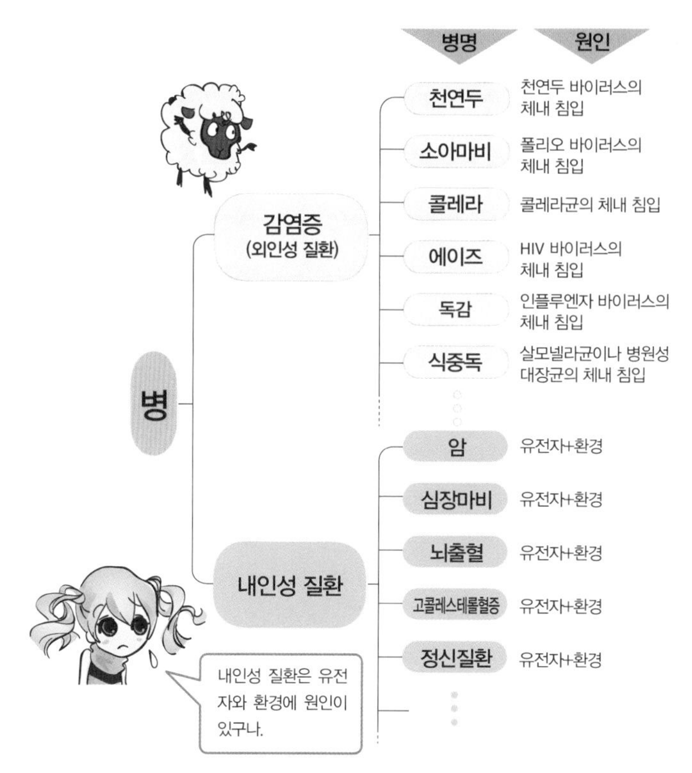

자료3-1a **질병의 종류**

로 공격해서 병원체를 약화시키고, 인간이 가진 면역력으로 격퇴하는 것이다. 물론 O-157 사건(1996년 5월에 오사카현에서 시작되어 거의 일본 전국에 걸쳐 일어난, 대장균의 일종인 O-157에 의한 식중독 사태를 말한다. -옮긴이) 때는 일본 전역이 혼란에 빠졌다. 한편 신종 인플루엔자를 격퇴하는 법도 아직 확립되지 않았다. 이처럼 감염증 격퇴는 쉽지 않지만, 그래도 병원체가 원인인 만큼 치료법은 확실하다.

그와 대조적으로 치료법이 확실하지 않은 병도 있다. 바로 발병 원인이 체내에 숨어 있는 내인성 질환으로 원인을 파악하기가 힘들다. 내인성 질환은 감염증보다 훨씬 까다롭다.

그런데 어떤 병이 내인성 질환일까? 바로 심장마비, 뇌졸중, 암, 당뇨병, 정신질환 등을 말한다. 모두 우리가 일상에서 흔히 보고 듣는 병이다. 내인성 질환은 선진국에 사는 사람이 걸리기 쉽다.

3-2 유전성 질환은 어떤 병인가

내인성 질환의 원인은 밖에서 침입하는 병원체가 아니라 체내에 깊이 숨어 있는 무언가다. 즉 적은 '내부에 있는' 셈인데, 구체적으로는 세포 깊숙이 자리한 핵이라는 금고 안의 유전자에 이상이 생겨 발생한다. 내인성 질환의 발병은 유전자 이상과 깊은 관계가 있다.

내인성 질환과 유전자 이상은 정확히 어떤 관계일까? 이야기를 단순화하기 위해 내인성 질환 중에서도 유전자 이상 때문에 발생하는 유전성 질환 세 가지를 예로 들겠다(138쪽 자료3-2a).

첫 번째는 페닐케톤뇨증으로, 페닐알라닌이라는 아미노산이 제대로 대사되지 않는 바람에 페닐케톤이 축적되어 아기의 뇌가 더디게 발육하는 병이다. 페닐케톤뇨증을 가진 아이는 태어난 직후 페닐알라닌을 줄인 특별식을 공급받지 못하면 지능이 현저히 낮아진다.

분자 수준에서 페닐케톤뇨증을 추적해 보자. 정상인은 페닐알라닌에 산소를 붙이는 효소(페닐알라닌하이드록실레이스)가 생성되지만 페닐케톤뇨증 환자는 생성되지 않는다. 즉, 환자는 그 효소를 생성하는 유전자에 결함이 있다.

요약하자면 페닐케톤뇨증은 페닐알라닌하이드록실레이스가 충분히 생성되지 않거나 전혀 생성되지 않아서 생기는 병이다. 따라서 이런 결함 유전자를 가진 태아는 확실히 페닐케톤뇨증이 발병한다.

두 번째는 겸상적혈구빈혈로, 혈액 속에서 효소를 나르는 헤모글로빈이라는 단백질에 이상이 생겨 세포에 산소가 제대로 공급되지 않는 병이다. 이 병에 걸린 환자의 적혈구는 약하고 망가지기 쉽다. 망가진 적혈구가 모세혈관을 막아 허혈을 유발하며, 이 병에 걸린 환자는 대개 젊은 나이에 사망하고 만다.

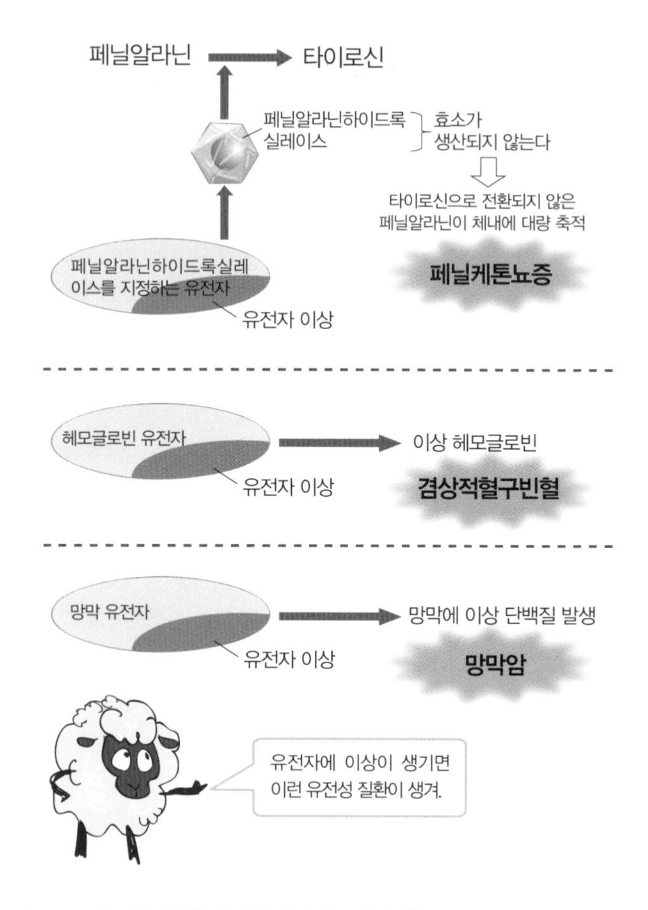

자료3-2a **유전자 질환은 유전자 이상 때문에 발생한다**

이처럼 이상 헤모글로빈이 만들어지는 이유는 헤모글로빈 유전자에 이상이 있기 때문으로, 이상 유전자를 가진 사람은 반드시 발병한다.

세 번째는 망막아세포종이라는 영유아의 눈에 발생하는 암이다. 이름이 길기 때문에 이 책에서는 그냥 망막암이라고 부르겠다. 망막암은 약 2만 명에 1명꼴로 발생하는 드문 암이다.

망막암 환자의 가계를 조사했더니 가족성과 돌발성이라는 두 종류의 암이 발견되었다. 가족성 망막암은 유전적인 원인에 의해 발생하며 전체 망막암의 약 40퍼센트를 차지한다. 반면 돌발성 망막암은 유전과 무관한 것으로 전체의 약 60퍼센트를 차지한다.

가족성 망막암에 주목하여 환자의 가계를 3대에 걸쳐 분석하자 다음의 두 가지 사실이 밝혀졌다(자료3-2b).

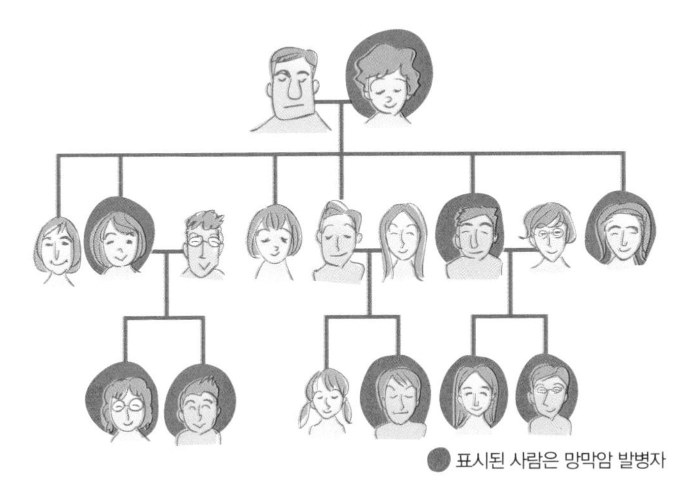

자료3-2b **가족성 망막암 환자의 가계를 분석한 결과**

첫째, 망막암은 특정 가계에 많이 발생한다.

둘째, 환자의 자식과 손자 중 절반 이상이 발병한다.

이로써 가족성 망막암은 어떤 결함 유전자가 부모에게서 자식에게로 전달되고 발생한다는 사실, 환자에게서 끝나는 것이 아니라 자자손손 이어진다는 사실을 알 수 있다. 환자의 유전자를 분석한 결과 결함 유전자를 갖고 태어난 아기의 90퍼센트가 망막암을 일으켰다는 사실도 알 수 있었다(망막암이 발생하려면 2개의 13번 염색체 모두에 이상이 있어야 한다. 그런데 2개 중 하나라도 이상이 있으면 이상 염색체가 정상 염색체에 영향을 끼쳐 돌연변이가 유발되어 망막암이 발생하는데, 10퍼센트 정도는 돌연변이가 생기지 않아 정상적인 눈을 갖고 태어난다. -옮긴이).

페닐케톤뇨증이나 겸상적혈구빈혈의 발병은 100퍼센트 유전자로 결정된다. 가족성 망막암은 비록 100퍼센트는 아니지만 그래도 90퍼센트가량이 유전자로 결정된다. 간단히 말해 유전성 질환의 발병 여부는 유전자와 밀접한 관련이 있다고 결론지을 수 있다.

3-3 환경 요인과 유전자 요인의 차이

시카고의 일리노이공과대학에서 근무할 때, 나의 비서는 다소 살집이 있고 자주 인슐린 주사를 맞았다. 당뇨병을 앓고 있었던 것이다. 혹시 유전성인가 싶어 가족 중에 당뇨병 환자가 있냐고 물어보자 그녀의 두 아들, 그리고 돌아가신 친정어머니도 당뇨병이었다고 했다.

당뇨병은 특정 가계에서 많이 관찰되는 질병이기에 유전자와 관련이 있음은 확실하다. 당뇨병뿐만이 아니다. 네덜란드의 천재 화가 반 고흐의 형제와 친척 중에는 우울증 환자가 많았는데 우울증도 그 발병에 유전의 영향이 크다. 내인성 질환은 특정 가계에서 많이 관찰된다는 점으로 보아 유전자와 강한 관련이 있다.

질병이 발병하느냐 발병하지 않느냐는 중대한 일이다. 페닐케톤뇨증, 겸상적혈구빈혈, 망막암 같은 유전성 질환은 발병 여부가 유전자로 결정된다.

그럼 내인성 질환 가운데 유전성이 아닌 심장마비, 뇌졸중 등이나 가족성이 아닌 일반 암, 당뇨병, 정신질환 등도 발병 여부가 유전자로 결정될까? 답은 '아니오'다.

당뇨병에 걸리기 쉬운 유전자를 가졌다고 해서 모두 당뇨병에 걸리지는 않고, 우울증에 걸리기 쉬운 유전자를 가졌다고 해서 모두 우울증을 앓지는 않는다. 심장병의 주된 원인은 동맥경화인데, 동맥경화가 일어나기 쉬운 유전자를 가진 모든 사람이 동맥경화를 일으키는 것도 아니다. 또한 어느 가계에 암 환자가 많다고 해서 그 가족 전원에게 암이 발생하는 일은 없다. 망막암 같은 가족성 암은 예외지만, 일반 암의 발병은 유전자만으로 결정되지는 않는다.

사실 유전성을 제외한 내인성 질환 대부분은 생활환경 또한 발병 여부를 결정하는 중요한 요인이다(142쪽 자료3-3a).

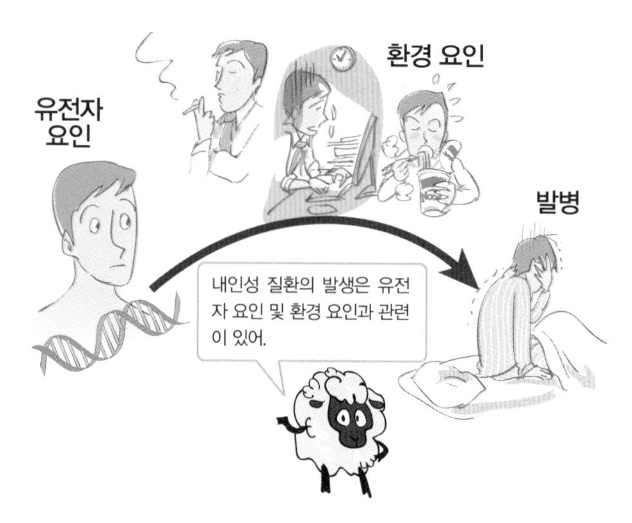

자료3-3a **환경 요인과 유전자 요인**

선진국에 사는 사람들의 숙적은 감염증이라기보다 내인성 질환인데 과거에는 그런 질환의 상당수가 성인병으로 불렸다. 하지만 그 명칭 때문에 '어른이 걸리는 병'이라는 오해를 하기 쉽다. 따라서 1996년 일본 후생성(현 후생노동성)은 명칭을 생활습관병으로 바꿈으로써 식사나 생활습관이 발병의 큰 요인임을 강조했다. 생활습관병은 내인성 질환이며 발병 여부는 유전자 요인과 식사 및 생활습관 같은 환경 요인 등 두 가지에 의해 결정된다.

정리해 보자. 유전성 질환의 발병은 유전자 요인에 의해 100퍼센트 결정되므로 환경 요인의 작용은 0퍼센트다. 감염증의 발병은 환경 요인에 의해 100퍼센트 결정되므로 유전자 요인의 작용은 0퍼센트다. 그 양극단 사이에 유전자 요인과 환경 요인 모두에 의해 발병 여부가 결정되는 정신질환이나 생활습관병이 있다(자료3-3b).

앞의 두 가지 질환은 발병 요인이 유전자나 환경 중 하나이므로 알기 쉬웠다. 그러나 우리가 직면한 질병 대부분은 정신질환이나 생활습관병의 카

테고리에 들어간다. 즉 어떤 공기를 마시고 어떤 물과 어떤 음식을 먹는지, 얼마나 운동하고 얼마나 스트레스를 받는지 등의 생활습관에 유전자 요인이 얽혀 발병 여부가 결정된다.

요컨대 대다수의 질병의 발병 여부는 유전자 요인과 환경 요인 모두에 달려 있다.

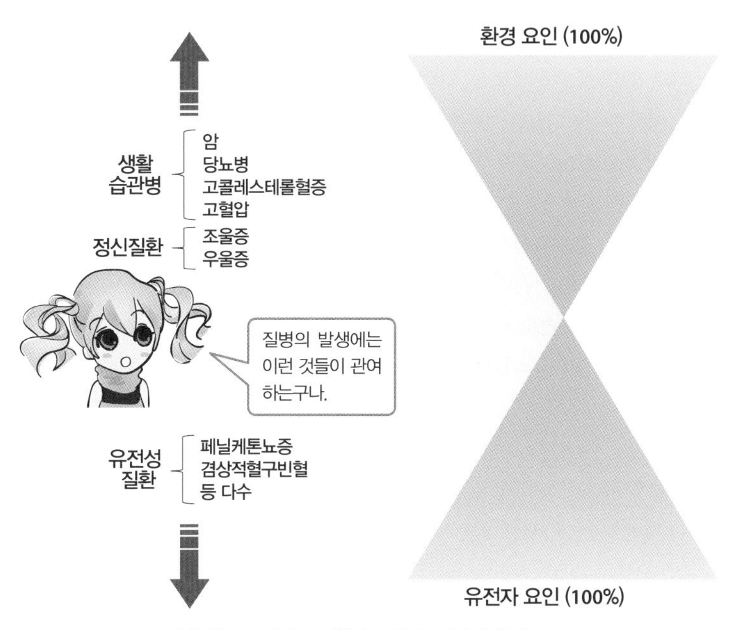

자료3-3b 모든 병은 유전자 요인 및 환경 요인과 관련이 있다

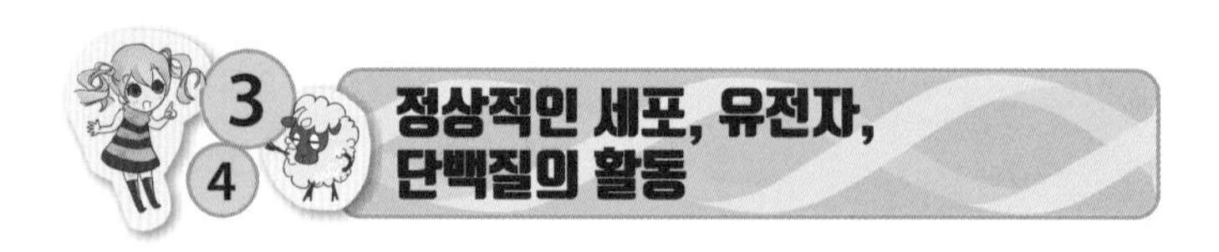

3
4
정상적인 세포, 유전자,
단백질의 활동

대다수의 질병은 유전자와 환경의 영향을 받아 발병한다. 그럼 유전자 요인과 환경 요인은 세포, 유전자, 단백질 같은 분자 수준에서 서로 어떤 관계를 맺고 있을까?

여기부터는 자료를 바탕으로 살펴보겠다(자료3–4a). 식생활이나 운동, 생활 방식, 스트레스 같은 환경 요인은 세포의 성장과 증식에 큰 영향을 미친다.

세포핵 안에서는 DNA가 전령 RNA로 전사되어 단백질로 번역된다. 이처럼 정상 유전자에서는 정상 단백질이 만들어진다.

한편 세포에서 만들어진 단백질은 산소를 나르는 헤모글로빈, 산소를 저장하는 미오글로빈, 화학반응을 실행하는 효소, 혈중 포도당 농도를 조절하는 인슐린이나 글루카곤(간에서 글리코겐을 포도당으로 분해해 혈중으로 방출함으로써 혈당을 높이는 호르몬. 인슐린과 반대 작용을 한다. -옮긴이) 같은 호르몬이 된다. 또 어떤 단백질은 세포나 조직을 만드는 콜라겐, 근육 조직을 만드는 액틴이나 미오신으로 활동한다.

세포분열로 탄생한 세포는 크게 성장한 뒤 다시 분열하여 딸세포를 낳는다. 이렇게 탄생한 딸세포도 모세포와 같은 일을 반복한다. 세포가 얼마나 빨리 성장하고 어느 시점에 분열할지가 중요한데 이를 호르몬이 결정한다. 그리고 어떤 호르몬을 얼마나 만들지 결정하는 것은 DNA다.

세포는 정해진 횟수만큼 분열을 되풀이하면서 죽어 간다. 세포에는 정해진 수명이 있지만 수명이 결정되는 원리는 아직 밝혀지지 않았다.

어떤 단백질은 면역세포가 된다. 면역세포는 병원체의 침략으로부터 인체를 보호할 뿐만 아니라 몸의 노폐물, 오래된 적혈구, 체내에 끝없이 생겨나는 암세포를 파괴한다.

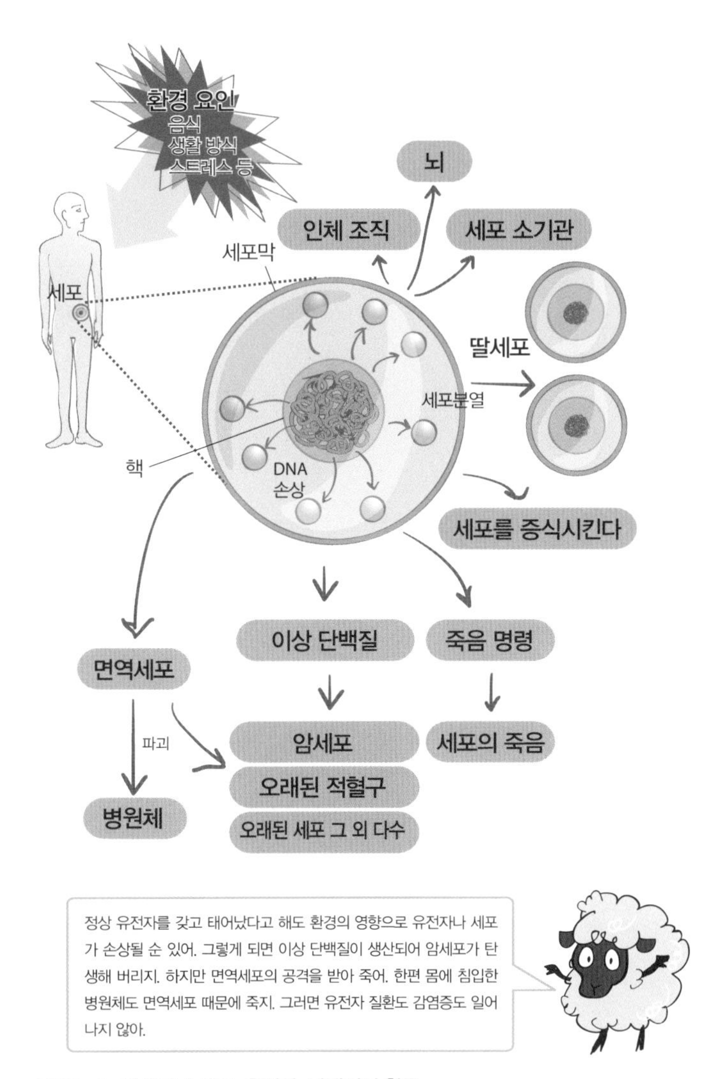
환경 요인
음식
생활 방식
스트레스 등
뇌
인체 조직
세포 소기관
세포막
세포
딸세포
세포분열
핵
DNA
손상
세포를 증식시킨다
이상 단백질
죽음 명령
면역세포
파괴
암세포
오래된 적혈구
오래된 세포 그 외 다수
세포의 죽음
병원체
정상 유전자를 갖고 태어났다고 해도 환경의 영향으로 유전자나 세포가 손상될 순 있어. 그렇게 되면 이상 단백질이 생산되어 암세포가 탄생해 버리지. 하지만 면역세포의 공격을 받아 죽어. 한편 몸에 침입한 병원체도 면역세포 때문에 죽지. 그러면 유전자 질환도 감염증도 일어나지 않아.

자료3-4a 정상인의 세포, 유전자, 단백질의 활동

정상 유전자는 정상 단백질을 필요한 때 필요한 만큼 만든다. 마치 자동차 산업에서의 적시생산(just in time. 효율을 추구하기 위해 소량을 주문받은 즉시 생산하는 방식. -옮긴이) 시스템 같다. 이 모든 것을 DNA 수준에서 엄밀히 제어한다. 예술이 따로 없다.

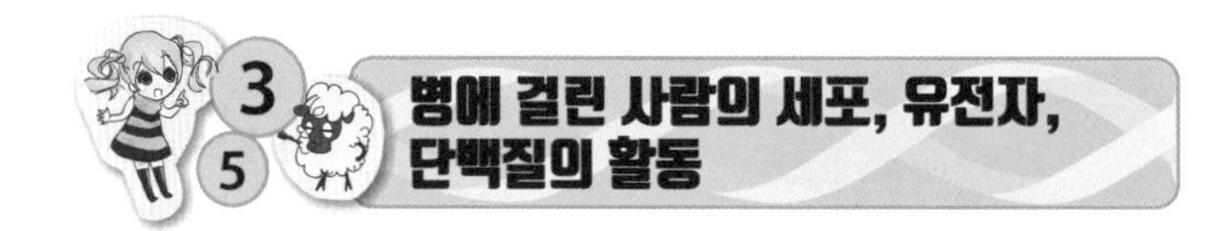

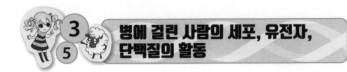

보통은 필요한 단백질이 필요한 때 필요한 만큼 만들어져서 건강한 몸이 유지된다. 그렇다면 이 시스템에 이상이 생기면 어떻게 될까?

가령 아데노신을 이노신으로 분해하는 아데노신디아미네이스(ADA)라는 효소의 유전자에 결함이 발생하면 정상 ADA가 만들어지지 않는다. 아데노신이 체내에 축적되면 DNA 합성이 막혀 면역세포가 만들어지지 않는다. 이것이 ADA결핍증으로, ADA결핍증 환자는 면역력이 거의 없다.

그럼 어떤 단백질이 만들어지지 않는 건 아니지만 그 양이 과하거나 부족하면 어떻게 될까? 가령 인슐린 생산량이 너무 낮으면 혈당치가 높아져 당뇨병에 걸린다. 즉 특정 단백질이 충분히 만들어지지 않으면 당뇨병으로 대표되는 생활습관병이 발생한다. 하지만 유전자가 완전히 망가져서 생활습관병이 발병하는 케이스는 극히 드물다.

오히려 생활습관병은 칼로리 과다 섭취로 인한 비만, 생활 리듬의 붕괴, 과도한 스트레스 같은 환경 요인 때문에 유전자가 단백질을 만드는 양이 정상 범위를 벗어나면서 발병한다.

게다가 아무리 건강한 몸이라도 암세포는 끊임없이 발생한다고 봐야 한다. 가령 DNA 중합효소가 DNA를 복제할 때 아주 가끔 오류를 일으킨다. 또 환경 속의 유해물질도 DNA를 손상시킨다(148쪽 자료3-5a).

DNA 복제 오류든 DNA 손상이든, DNA의 결함이 바로 복구되지 않으면 그 부분에 원래 염기가 아닌 다른 염기가 들어간다. 그로 인해 DNA에 변이가 발생한다.

만약 세포에 죽음을 명령하는 단백질을 생산하는 유전자에 변이가 발생하면 세포는 불사신이 된다. 엎친 데 덮친 격으로 이 불사신 세포의 증식을 멈추는 단백질의 유전자에 변이가 발생하면 어떻게 될까? 그 세포는 불사

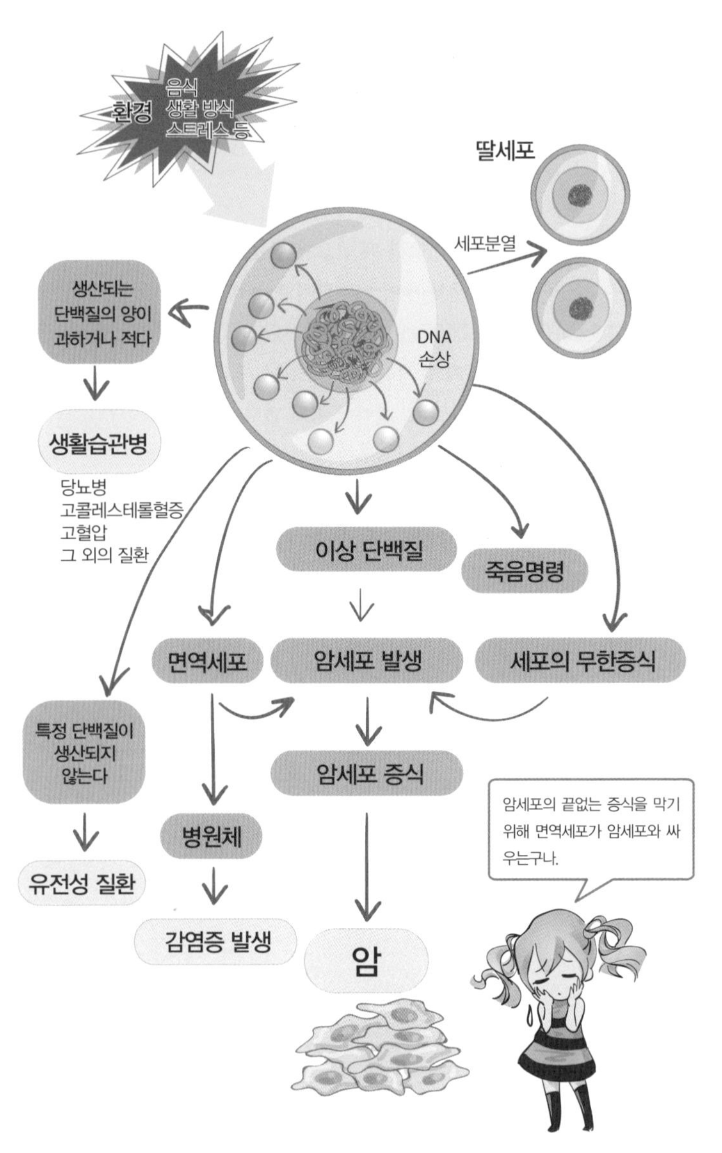

자료3-5a 병에 걸렸을 때 세포, 유전자, 단백질의 활동

신인 데다 끝없이 증식한다. 전혀 손쓸 수 없는 이 세포가 바로 암세포다.

체내에서 끝없이 탄생하는 암세포가 계속 증식하는지 여부는 면역세포와 암세포가 벌이는 끝없는 싸움의 결과에 달려 있다.

만약 암세포의 증식력이 암세포를 죽이는 면역세포의 힘보다 세면 암세포는 계속 늘어나 암이 된다. 반대로 암세포에 대한 면역세포의 살상력이 암세포의 증식력보다 강하면 암이 되지 않는다.

다음으로 병원체가 인체에 침입해서 일어나는 감염증에 대해 생각해 보자. 체내에서 병원체가 계속 늘어나는지 여부를 결정하는 것은 면역세포와 병원체가 벌이는 싸움의 결과에 달려 있다. 암의 경우와 아주 비슷하다. 즉, 병원체를 죽이는 면역세포의 힘이 병원체의 증식력보다 약하면 병원체가 늘어나므로 감염증이 발생한다. 반대로 병원체에 대한 면역세포의 살상력이 병원체의 증식력보다 강하면 감염증은 일어나지 않는다.

3-6 유전자의 주소를 결정하는 '지도'

우리가 어느 개인을 특정 지을 때는 이름, 주소, 휴대전화 번호, 이메일 주소 등을 이용한다. 유전자도 마찬가지로 이름과 주소가 매우 중요하다.

예를 들어 어느 유전자가 알코올 의존증 발생에 깊이 관여하는데 그 유전자를 발견한 과학자가 '알코올 의존증 유전자'라는 이름을 붙였다고 하자. 그럼 그것의 주소는 어떻게 정할까? 다시 말해 해당 유전자가 몇 번째 염색체의 어느 위치에 있는지 지정하여 말하는 방법은 무엇인가? 이처럼 유전자의 위치를 확정하는 일을 유전자 지도 작성이라고 한다.

이제부터 유전자 지도 작성(유전자 매핑이라고도 한다) 방법을 소개하겠다. 인간의 염색체는 총 23쌍(46개)이고 길이 순서대로 번호가 매겨져 있다. 가장 긴 것은 1번 염색체, 가장 짧은 것은 23번 염색체다. 그리고 23쌍의 염색체에는 총 2만 2,000개가량의 유전자가 들어 있다.

특정 유전자가 몇 번 염색체에 있는지는 염색체의 크기로 쉽게 알 수 있다. 다음은 그 유전자가 해당 염색체의 어느 위치에 있는지 정의하려 한다. 그러기 위해서는 우선 염색체를 몇 개의 구역으로 나눠야 한다. 염색체를 색소로 물들이면 어떤 부분은 짙게 물들고 어떤 부분은 옅게 물든다. 광학 현미경으로 보면 띠 모양의 유전자 다발이 보인다. 이를 바탕으로 유전자를 몇 개의 구역으로 나눌 수 있다.

5번 염색체를 예로 들어 특정 유전자의 주소를 확정하겠다. 151쪽 자료는 5번 염색체의 가로 띠 무늬를 나타낸 것이다(자료3-6a).

체세포(일반 세포)가 분열할 때 1개의 염색체가 복제되어 2개가 되는데 이 두 염색체는 서로 교차한다. 그 교차점을 동원체라고 한다. 동원체를 원점으로 봤을 때 염색체에는 위아래로 2개의 팔이 있다고 할 수 있다. 위팔은 짧아서 단완(短腕), 아래팔은 길어서 장완(長腕)이라고 한다.

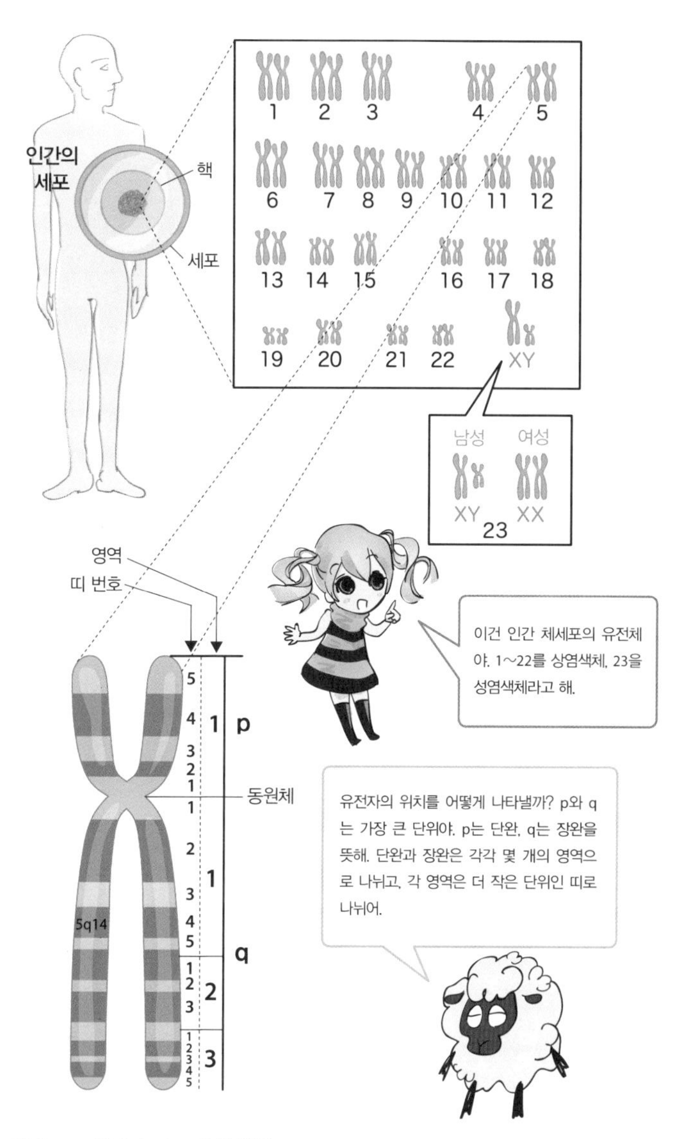

자료3-6a 유전자 지도 작성 방법

염색체 지도에서는 단완을 p, 장완을 q라고 표시한다. 장완과 단완에는 몇 개의 영역이 있고 각 영역에는 몇 개의 띠가 있다. 그리하여 염색체는 '염색체 번호', '팔', '영역', '띠'와 같은 하위 구역으로 나뉜다. 백지도(기본적인 윤곽과 경계 등만 그려진 지도. -옮긴이)를 작게 구획 지어 행정구역을 표시하는 일과 꼭 닮았으니 유전자 지도라는 이름이 딱 들어맞는다.

유전자 지도에서는 ○○ 유전자가 '5q14 띠'에 있다는 식으로 표현한다. 그 의미를 해석함으로써 유전자 지도를 읽는 법을 연습해 보자.

이 유전자는 5번 염색체에 있다. 5번 염색체의 단완(p)에는 1개의 영역이 있고 그 안에는 5개의 밴드가 있다. 한편 장완(q)에는 3개의 영역이 있고 각 영역에는 3개에서 5개의 밴드가 있다.

그러므로 '5q14 띠'가 의미하는 바에 따르면 5번 염색체, 장완, 1번 영역, 4번 밴드가 된다. 이 표기법에 따라 염색체 안의 유전자 위치를 대략적으로 확정할 수 있다.

3-7 암, 심장병, 뇌졸중을 알아보자

선진국 사람들의 숙적은 내인성 질병이다. 최근 일본인이 걸리는 '중병'의 대다수가 내인성 질환이라는 사실에서도 이를 실감할 수 있다.

'중병'을 죽음과 직결되는 질병이라고 바꿔 말해도 좋다. 일본인의 사망 원인을 큰 것부터 나열하면 암, 심장병, 뇌졸중이다(자료3-7a). 참고로 뇌졸중이란 뇌 혈관이 압력 때문에 터지거나 찌꺼기 혹은 핏덩어리 때문에 막히는 바람에 의식장애, 운동마비, 언어장애, 시각장애 등의 신경 증상이 나타나는 병을 가리킨다.

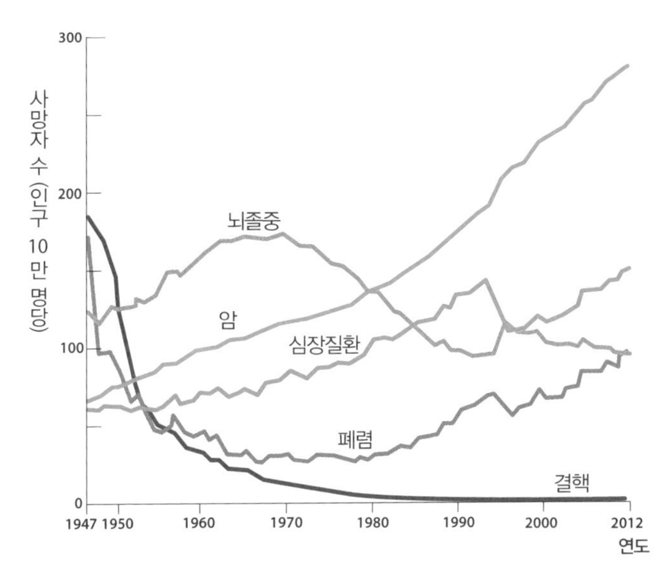

자료3-7a 주요 사망 원인별 사망률 추이

1950년부터 1981년까지 약 30년간 뇌졸중은 일본인의 사망 원인에서 가장 큰 비중을 차지했다. 뇌졸중에 의한 사망률은 1960년대에 인구 10만 명당 170명으로 정점을 찍고 점점 하락하여 1992년에는 100명 남짓으로 떨어졌다.

그 대신 암과 심장질환이라는 큰 적이 기세를 떨치기 시작했다. 1992년 인구 10명당 암 사망자는 180명, 심장질환 사망자는 130명이다. 이 경향은 지금까지 이어지고 있다. 2012년 사망한 약 124만 명의 일본인 중 30퍼센트인 36만 명이 암 희생자다. 암은 모든 사망 원인 중 으뜸일 뿐만 아니라 매년 희생자 수가 늘어나 이제 3명 중 2명이 암으로 죽는다.

한편 심장질환에는 다양한 종류가 있다. 그 중에서도 심장동맥이 딱딱해지는 동맥경화는 특히 무서운 질병으로 협심증과 심근경색의 원인이 된다. 협심증과 심근경색 모두 산소 공급 불충분으로 심장에 산소가 부족해져서 발생한다. 즉, 동맥경화라는 방아쇠가 당겨지면 혈액이 혈관이라는 파이프 속을 매끄럽게 흐를 수 없게 된다. 그러면 충분한 양의 산소가 심장에 도달하지 못한다.

협심증의 경우 가슴 통증을 동반한 발작이 일어나는데 세포가 산소 부족에 빠지기는 하지만 죽음에는 이르지 않는다. 반면 심근경색은 심장 근육(심근)이 영원히 죽어 버리므로 협심증보다 질이 안 좋다. 그 예로, 급성 심근경색으로 입원한 환자의 약 15퍼센트는 죽고 만다. 참 무시무시한 병이다.

요약하자면 심장세포가 산소 부족으로 질식할 지경에 처하는 것이 협심증, 정말 질식해서 심장세포가 죽어 버리는 것이 심근경색이다.

다음으로 암에 대해 살펴보겠다. 암이란 식물이나 동물 같은 다세포생물에서 세포가 비정상적으로 증식하여 제동이 걸리지 않는 현상을 말한다. 세포가 '폭주'하듯이 증식하는 것은 정상적인 상태가 아니다.

탄생했을 땐 작았던 세포는 점점 커지고 이윽고 분열하여 다시 세포를 낳는다. 이렇게 해서 유전자는 세대를 넘어 계승된다. 세포 주기(cell cycle)는 탄생→성장→증식→죽음 한 사이클이다(자료3-7b).

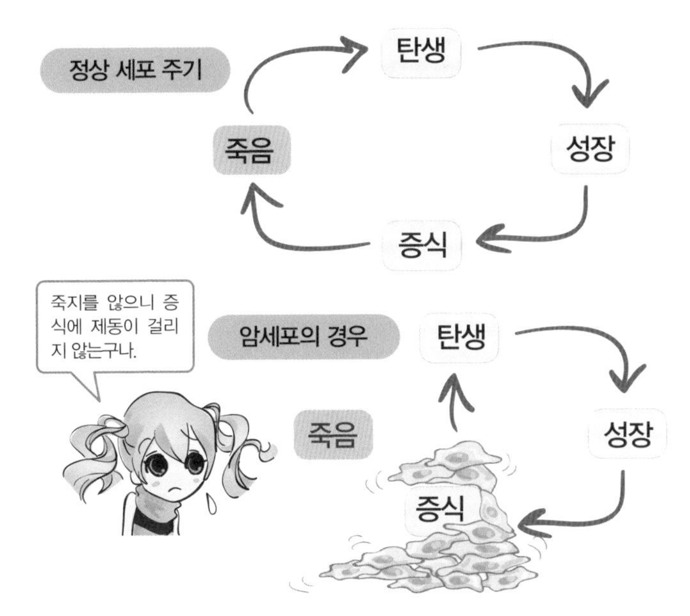

자료3-7b 정상 세포와 암세포의 차이

그런데 어느 때를 기점으로 세포 하나가 사이클에서 벗어나 마지막 단계인 '죽음'을 생략한다. 그래서 언젠가 죽을 운명이었던 정상 세포가 불사신과도 같은 이상 세포로 변신하여 계속 증식한다. 이 불사신 세포가 바로 암세포다.

암의 원인은 유전자 손상

수천 년 전부터 인류와 함께해 온 암은 인간의 오랜 적이다. 그렇다면 이제 암에 대해 상세히 알려졌을 법도 하지만, 모든 암이 유전자 손상 때문에 발생한다는 사실이 밝혀진 건 얼마 되지 않았다.

앞서 이야기한 탄생→성장→증식→죽음이라는 세포 주기에서 마지막 단계인 '죽음'이 누락되는 이유가 무엇일까? 세포의 증식이나 수명을 제어하는 단백질에 이상이 생겼기 때문이다. '그렇다면 나쁜 건 이상 단백질이겠구나'라는 생각은 절반만 옳다.

그런 이상 단백질을 만들라고 명령한 것은 무엇일까? 물론 유전자다. 따라서 단백질의 상사인 유전자 책임이다. 요컨대 누가 부하 직원에게 '○○해'라고 명령했는가가 문제다. 갑자기 유전자가 미쳐서 미친 단백질을 만든다. 미친 단백질은 세포를 마구 증식시켜 수명의 한계마저 빼앗는다. 즉, 암은 유전자 질환이다.

유전자가 미쳤다는 것은 유전자에 이상이 발생했다는 뜻이다. 이를 유전자 변이라고 한다. 유전자 변이는 암으로 가는 계단을 오르는 일이다. 어떤 경우 변이가 발생할까? 외부 충격 때문에 손상을 입거나, 복제되는 과정에서 실수가 일어난 부분이 복구되지 못했을 때다. 변이는 생물에게 유해하며 질병의 원인이 된다. 이것이 포인트다.

유전자에 변이를 일으키는 원인은 무수히 많은데 이 모두를 변이원이라고 한다. 변이원은 음식, 식품첨가물, 담배, 술, 약, 환경 속 오염 물질, 병원체 등 광범위하다. 무수히 많을 만도 하다.

한눈에 알 수 있도록 변이원을 화학적 인자, 물리적 인자, 생물학적 인자의 세 종류로 나눠 정리해 보자. 우선 화학적 인자, 즉 화학물질은 아스베스토(석면), 아플라톡신(곰팡이류가 만드는 진균독의 일종.-옮긴이), 벤조피

렌(불완전연소 과정에서 생기는 발암물질.-옮긴이) 등이 있고 물리적 인자는 X선, 자외선, 방사선 등이 있다. 그리고 생물학적 인자는 간염바이러스(B형 및 C형), HPV(인유두종바이러스), 헬리코박터파일로리(파일로리균) 등이 있다.

암을 유발하는 변이원 때문에 정상 세포가 암세포로 변화하는 과정은 다음과 같다(자료3-8a). 어느 변이원이든 처음에는 세포에 포섭되어 핵 속까

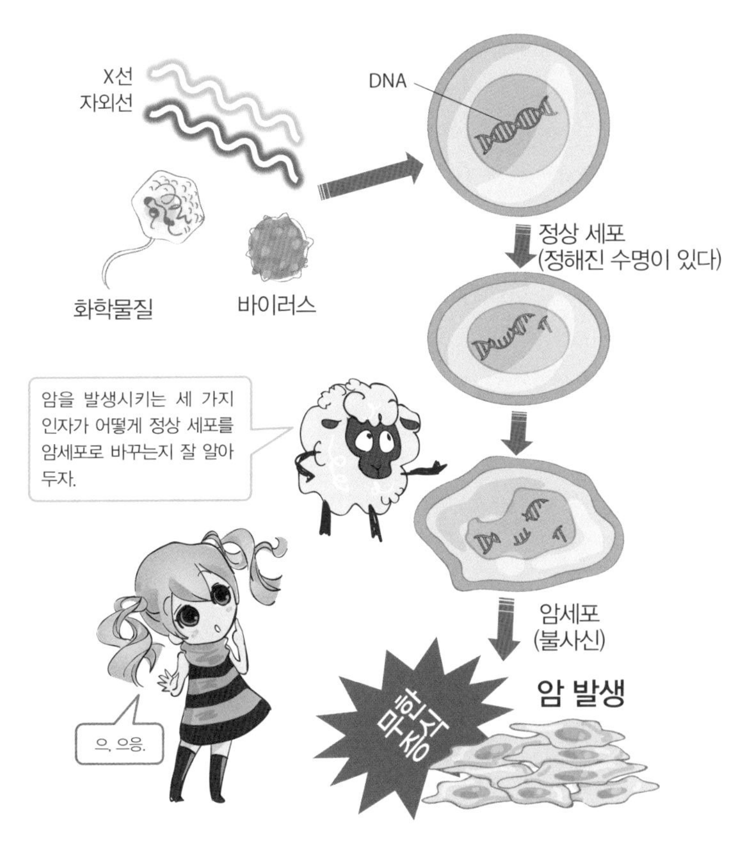

자료3-8a 암은 유전자가 망가져서 발생하는 병

지 침투한 후 그곳 주인인 DNA와 한판 붙는다. 하지만 그로 인해 DNA에 손상이 발생해도 바로 변이가 일어나는 건 아니다. 왜냐하면 DNA 복구 효소가 손상을 발견하는 즉시 수리에 들어가 변이를 미연에 방지하기 때문이다. 무척 고마운 존재이기 때문에 'DNA의 수호신'이라고 불린다.

DNA가 입은 손상이 항상 제대로 복구된다면 변이는 일어나지 않지만, 수월하게 복구되지 않을 때도 있다. 그러면 손상이 발생한 부분에 원래 염기쌍과 다른 염기쌍이 들어간다. 이것이 변이다. 변이는 무작위적으로 일어나므로 DNA의 어디에서 발생할지 전혀 예측할 수 없다.

단백질을 지정하지 않는 부위인 인트론에 변이가 일어나거나, 혹은 염기쌍이 바뀐 후에도 같은 아미노산이 지정되는 변이의 경우는 세포에 실질적인 피해가 없다(이를 중립돌연변이라고 한다).

그러나 세포 증식을 제어하는 유전자에 변이가 발생하면 아주 곤란해진다. 예컨대 세포의 죽음을 관장하는 유전자에 변이가 발생하면 세포는 그야말로 통제불능, 한없이 늘어나 암세포가 된다.

조직은 암세포로 넘쳐 나고, 암세포는 심지어 조직을 벗어나 혈액을 타고 다른 장기로 이동한다. 그리고 이동한 곳에서 다시 증식을 거듭하여 암 조직을 만든다. 이것이 암 전이다.

암에는 여러 가지가 있지만 크게 세 종류로 나뉜다. 망막암처럼 부모에게서 자식에게로 유전되는 가족성 암, 인간에게서 인간에게로 전염되는 감염성 암, 그 둘에 속하지 않는 내인성 암(일반적인 암)이 그것이다. 암은 유전이나 전염과 별 상관없다는 미신을 믿는 사람이 많다. 참 걱정스러운 일이다.

간암은 위암, 폐암, 결장암에 이어 일본에서 네 번째로 많은 암으로, 매년 약 3만 3,000명이 간암으로 목숨을 잃는다. 간암 사망자의 80퍼센트(2만 6,400명)는 C형간염바이러스 때문에 간암에 걸렸고, 10퍼센트(3,300명)는 B형간염바이러스가 원인이 되어 암에 걸렸다. 즉, 간암으로 인한 사망자의 90퍼센트는 바이러스 때문에 암에 걸렸다. 수로 따지면 2만 9,700명으로, 전체 암 사망자인 36만 명의 8퍼센트에 해당한다.

그 밖에도 암을 일으키는 병원체로 자궁경부암을 유발하는 특정 형태의 HPV(인유두종바이러스), 성인 T 세포 백혈병(ATL)을 일으키는 HTLV-1(사람 T 세포 백혈병바이러스), 위암을 유발하는 헬리코박터파일로리(파일로리균)라는 박테리아가 알려져 있다(자료3-9a).

병원체 이름	주요 감염 경로	발병하는 암 종류
B형간염바이러스	수혈, 주사기	간암
C형간염바이러스	수혈, 주사기	간암
HPV(인유두종바이러스)	성교	자궁경부암
사람 T 세포 백혈병바이러스	모유	성인 T 세포 백혈병(ATL)
헬리코박터파일로리	구강으로 감염	위암

자료3-9a **암과 관련이 깊은 바이러스 및 박테리아**

따라서 감염증에 의한 암은 못해도 15퍼센트는 된다. 게다가 HIV에 감염된 환자는 면역력이 떨어지는 바람에 피부암의 일종인 카포시육종에 걸리는 경우도 많다. 그러므로 사실 암의 20퍼센트는 전염된다고 할 수 있다.

HPV는 인간에게 사마귀를 발생시키는 바이러스로 성관계를 통해 감염된다. HPV의 형태는 백 가지도 넘는다. HPV에 감염되면 사마귀가 생기는데 이것은 양성이니 걱정할 필요는 없다. 곤지름이라 불리는 종양이다. 종양은 다 암인 줄 아는 사람도 있을 텐데 종양에는 악성과 양성이 있다. 곤지름은 양성이므로 걱정하지 않아도 된다. 하지만 악성종양은 암이므로 주의해야 한다.

양성과 악성은 사뭇 다르지만 둘 다 성관계를 할 때 전염되는 HPV에 의해 생긴다. 악성인지 양성인지 결정하는 것은 HPV의 형태이며 누구와 어떤 장소에서 관계를 가졌는지와는 무관하다. HPV 16형과 18형은 질이 나빠 자궁경부암이나 음경암 환자의 70퍼센트에게서 발견되었다.

하지만 HPV에 감염되어도, 감염된 사람 10명 중 9명의 몸에서는 바이러스가 소멸된다. 10퍼센트의 사람만이 지속감염으로 이어지는데 이것이 발암 인자가 될 수도 있다.

백혈병을 일으키는 HTLV-1(사람 T세포 백혈병바이러스)는 혈액암의 일종으로 1976년 다카쓰키 기요시에 의해 발견되었다. HTLV-1 감염자는 일본에 100만 명 이상 있는 것으로 추산되며 특히 오키나와나 규슈에 많다. 매년 600~700명이 발병하는데 발병 이유는 알려지지 않았다.

바이러스성 백혈병을 예방하는 방법은 HTLV-1에 감염되지 않는 것이다. 나가사키현은 대학 및 의사회와 손을 잡고 HTLV-1 감염 방지에 나섰다. 이 바이러스의 주요 감염 경로는 모유. 엄마에게서 균이 옮은 아이가 수십 년의 세월이 지나 백혈병을 일으키는 경우가 있다.

나가사키현에서는 1987년부터 임산부를 대상으로 바이러스 검사를 실시해 왔다. 그리고 감염자에게는 '모유 수유를 하지 마라', '수유 기간을 줄여라'와 같은 조언을 했다.

그동안 검사 받은 임산부는 20만 명이 넘고, 감염자의 아이 중 모유를 먹지 않은 아이의 감염률은 먹은 아이의 약 6분의 1인 2.7퍼센트에 머물렀다. 감염자가 줄어들면 성인 T 세포 백혈병에 걸리는 사람도 줄어든다. 그렇게 감염의 사슬을 끊으면 암을 박멸할 수 있으리라.

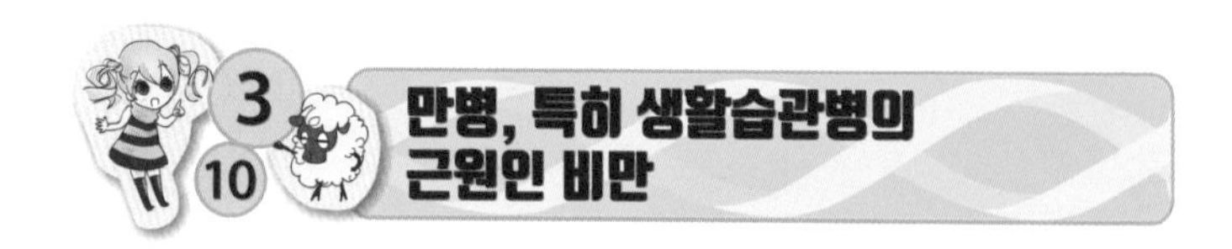

만병, 특히 생활습관병의 근원인 비만

미국에서는 성인의 3명 중 2명이 과체중(BMI(체질량지수) 25 이상) 또는 비만(BMI 30 이상)이다(이 수치는 세계보건기구가 제시하는 기준이다. 대한비만학회에서는 23 이상을 과체중으로, 25 이상을 경도 비만으로 판단한다. -옮긴이).

'비만은 만병의 근원'이라는 인식이 철저히 자리잡은 미국에서는 어떻게든 비만을 해소하기 위해 다이어트에 매진하는 사람이 많다.

미국의 다이어트 산업은 크게 성장하여 2012년에는 연간 매출이 616억 달러에 달했다. 역시 미국은 비만의 왕국이라고 감탄(?)할 때가 아니다. 먹는 데 부족함이 없는 일본에서도 비만이 늘고 있기 때문이다. 결코 남의 일이 아니다.

비만이 나쁜 이유는 건강의 큰 적이기 때문이다. 그 이유는 두 가지다. 첫 번째는 뚱뚱함 그 자체가 악영향을 끼친다는 것이다. 뚱뚱하면 심장질환, 뇌졸중, 암에 걸리기 쉽다(자료3-10a).

두 번째, 뚱뚱함 자체가 원인은 아니지만 심각한 합병증이 유발되기 쉽다. 이래저래 비만은 모든 생활습관병의 근원이다.

심근경색도 무시무시하지만 비만 합병증도 못지않게 무섭다. 당뇨병과 고혈압 등의 비만 합병증은 순환계, 호흡계, 소화계, 대사계, 비뇨생식계 등 전신을 덮친다. 특히 순환계질환, 당뇨병, 고지혈증, 통풍에 시달리는 환자는 젊은 나이에 쓰러지는 경우가 많다.

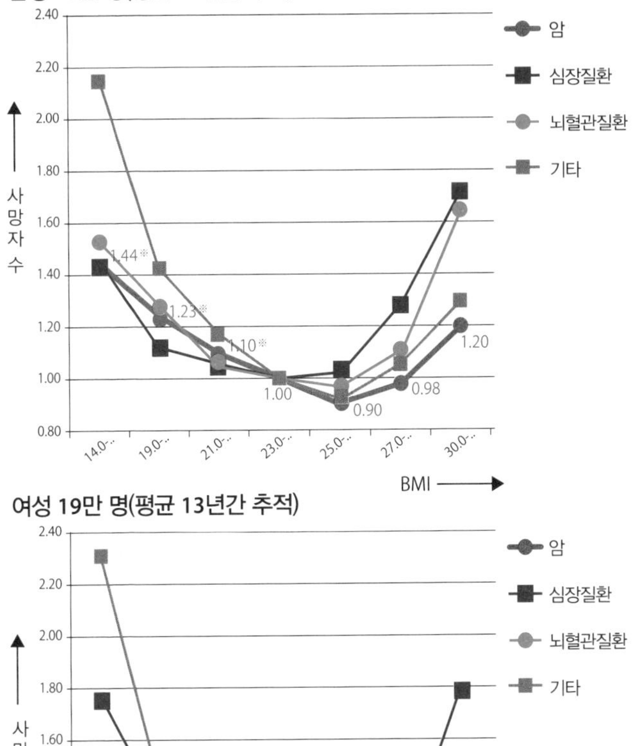

출처: S.Sasazuki *et al*.. *J.Epidemiol*. 2011 21(6). 417.

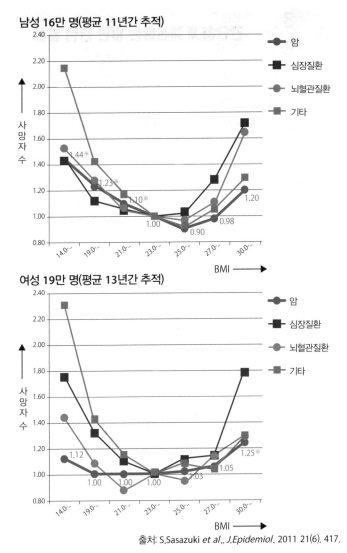

자료3-10a **암, 심장질환, 뇌혈관질환 등으로 인한 사망자 수**

3-11 간단하게 계산하는 비만 판정 방법

"그 사람은 뚱뚱하다."라는 둥, "그 사람은 말랐다."라는 둥 사람들은 주변 사람들의 몸매에 대해 수군대곤 한다. 그런데 어떻게 뚱뚱하고 마르고를 판단하는 걸까?

성인 비만을 평가할 때는 국제적으로 BMI(Body Mass Index: 체질량지수)가 널리 쓰인다. 체중을 키의 제곱으로 나누어 비만 정도를 계산하는 것이다. 이때 체중은 킬로그램, 키는 미터로 나타낸다. 계산해서 얻은 BMI 수치가 18.5~23 사이면 표준, 23을 넘으면 과체중, 25를 넘으면 비만으로 판정된다. 그리고 18.5 이하는 저체중이다(한국인의 기준에 맞추어 수치를 수정했다. 일본에서는 25 미만을 표준으로 친다. -옮긴이).

상사 영업팀에서 근무하는 A 씨는 국내외 출장이 잦아 식사는 외식 위주로 해결한다. 게다가 운동도 부족한 편. 최근 들어 살이 좀 쪘는지 몸이 다소 무겁게 느껴졌다. 체중을 재어 보니 무려 85킬로그램. 키 170센티미터를 대입해 체질량지수를 계산하자 $85/(1.7)^2=29.4$가 나왔다. 비만의 '매직 넘버'인 25를 크게 웃도는 수치이므로 명백한 비만이다.

생활습관병에 걸릴까 두려운 마음이 든 A 씨는 체중을 줄여 BMI 수치를 우선 24까지 낮추기로 결심했다. 몇 킬로그램을 줄여야 할까?

BMI 수치가 24로 떨어졌을 때의 체중을 X라고 하면 $X/(1.7)^2=24$라는 식이 완성된다. 이것을 X에 대해 풀면 X=69.4가 된다. 현재 A 씨의 체중은 85킬로그램이므로 69.4킬로그램이 되려면 체중을 15.6킬로그램 줄이면 된다.

그런데 병에 잘 걸리지 않는 BMI 수치가 따로 있을까? 일본비만학회는 '합병증 발생률이 가장 낮은 BMI 수치는 22'라고 발표했다. 자신의 최적 체중을 알고 싶으면 $[키(m)]^2 \times 22$로 계산하면 된다. 가령 A 씨의 최적 체중은 $(1.7)^2 \times 22=63.6$(킬로그램)이다.

비만에 가장 민감한 사람은 역시 젊은 여성이다. 여성들은 비만에 민감한 정도를 넘어 다소 과민한 감이 있다. 20세 여성의 BMI는 1950년의 22에서 해마다 줄어 1994년에는 20.5까지 내려갔다는 보고가 있다.

젊은 여성 중에는 BMI 앞자리를 1로 만드는 것을 목표로 하는 사람도 있는 모양이다. 하지만 명백히 너무 낮은 수치로, 이렇게 마르면 나중에 골다공증 같은 심각한 병에 걸릴 가능성이 높다. 지나치게 마른 것도 위험하다.

한편 중년 이후에는 젊었을 적에 비해 운동량이 줄게 마련인데 먹는 칼로리는 젊었을 적 그대로인 경우가 많다. 그러면 여분의 칼로리가 지방으로 몸에 붙어 비만이 된다. 비만을 해소하고 싶으면 운동량을 늘리고 음식으로 섭취하는 칼로리를 줄이는 수밖에 없다. 그리고 이를 돕기 위한 연구가 유전자 수준에서 이루어지고 있다.

3-12 유행에 불을 붙인 렙틴의 발견

건강의 큰 적인 비만을 유전자 수준에서 파헤치기 위한 연구가 엄청난 속도로 진행되고 있다. 유행에 불을 붙인 것은 록펠러대학의 제프리 프리드먼이다. 1994년, 그는 유전적인 이유로 비만한 생쥐에서 비만의 원인으로 보이는 유전자를 발견했다.

그리고 그 유전자를 비만 유전자, 그 유전자가 만드는 단백질을 렙틴이라고 명명했다. 참고로 렙틴은 지방세포에서 만들어지는 호르몬으로, 렙토스(마르다)라는 그리스어에서 이름을 땄다.

비만 유전자에 결함이 있는 생쥐는 렙틴을 전혀 만들지 못하거나 엉터리로 만든다. 이 유형의 생쥐는 식욕이 매우 왕성한 탓에 끊임없이 먹고 뒤룩뒤룩 살쪄 체중이 일반 생쥐의 평균 3배에 달한다. 즉 생쥐의 경우 렙틴 부족은 비만의 원인이다. 그렇다면 렙틴을 비만 생쥐에게 주입하면 비만이 해소될 테다. 그런 이유로 렙틴을 대량 생산하게 됐다.

1995년 여름까지 몇몇 연구팀이 유전자 변형 기술로 렙틴을 대량 생산하는 데 성공했다. 그리고 생쥐에게 렙틴을 주입하여 효능을 관찰하는 실험이 이루어졌다. 준비한 생쥐는 비만 유전자의 결함이 비만의 원인인 생쥐, 다른 원인에 의한 비만 생쥐, 일반 생쥐의 세 종류였다.

세 종류의 생쥐에 렙틴을 주사하고 변화를 지켜봤다. 결과가 어땠는가 하면, 비만 유전자의 결함이 비만인 원인인 생쥐는 잘 먹지 않고 날씬해짐으로써 극적인 효과를 입증했다. 생쥐의 체내에 주입된 렙틴이 뇌의 시상하부에 작용하자 식욕이 억제되어 과식을 멈춘 것이다.

'해냈다!' 이것을 인간에게 응용하면 '꿈에 그리던 다이어트 약'이 완성될 거라며 모두 좋아했다. 제약회사 암젠 사는 즉각 록펠러대학에 2,000만 달러를 지불하고 비만 유전자에 관한 물질의 독점 생산권을 손에 넣었다.

재빠른 대처다. 암젠 사의 주가는 상한가를 경신하며 치솟았다.

하지만 기쁨도 잠시. 비만 유전자가 아닌 다른 원인 때문에 비만이 된 생쥐에게서는 렙틴의 효과가 낮았다. 그리고 일반 생쥐에게는 렙틴의 효과가 거의 나타나지 않았다. 렙틴 주입은 비만 유전자에 결함이 있는 특수한 생쥐에게만 '다이어트 효과'를 보이는 것이 확인되었다. 그러자 과학자들의 시선은 렙틴에서 렙틴의 수용체로 옮아갔다.

밀레니엄제약(현 다케타온콜로지)의 루이스 타타글리아도 그중 한 사람이다. 그는 비만 유전자는 정상적으로 작동해서 렙틴을 만들지만 다른 유전자에 문제가 있어 뒤룩뒤룩 살찐 생쥐에게 주목했다.

그리고 1995년 12월, 비만 생쥐에게서 비만의 원인으로 보이는 결함 유전자를 포착했다. 렙틴을 수용하는 수용체 유전자에 결함이 있었던 것이다. 타타글리아는 그것을 당뇨병 유전자(db 유전자)라고 명명했다. db는 diabetes(당뇨병)의 약자다. 그 유전자에 결함이 있으면 뚱뚱해질 테니 당뇨병에 걸릴 게 확실하다는 데서 유래한 이름이다.

지금까지의 내용을 정리해 보자. 음식을 충분히 섭취하면 전신의 지방세포에서 렙틴이 만들어지고, 그것이 뇌의 시상하부에 있는 수용체와 결합하면 식욕이 억제된다. 과식이 멈추면 칼로리 과다 섭취가 해소되고 날씬해진다(168쪽 자료3-12a).

하지만 렙틴에 이상이 생기거나 그 수용체인 렙틴 수용체에 이상이 생기면 식욕을 억제하는 신호가 발생하지 않는다. 따라서 식욕은 떨어지지 않고 과식이 계속되어 비만에 이른다(169쪽 자료3-12b).

지금까지의 연구를 통해 렙틴과 렙틴 수용체는 식욕에 브레이크를 건다는 사실이 밝혀졌다. 만약에 둘 중 하나라도 고장 나면 식욕에 브레이크가 걸리지 않아 비만이라는 결과가 초래된다.

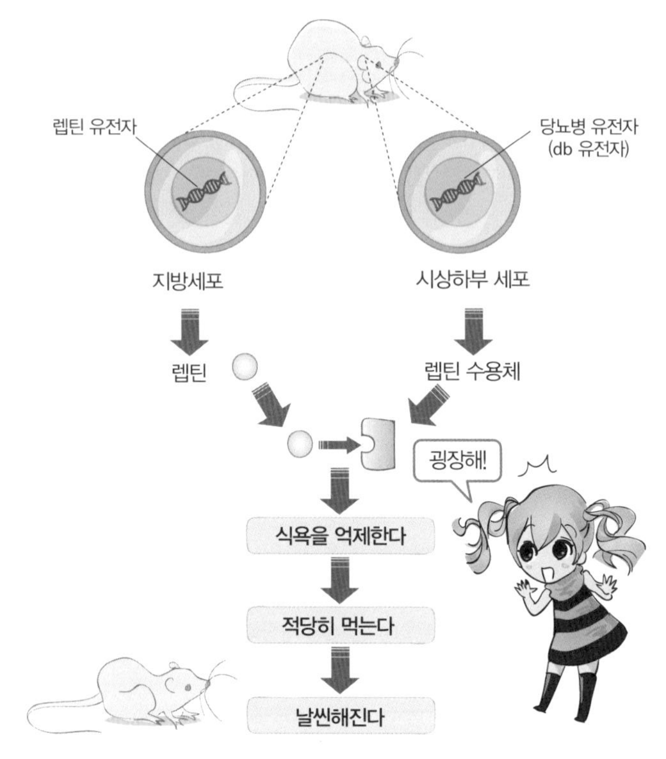

자료3-12a 지방세포에서 생성되는 렙틴과 시상하부의 수용체가 식욕을 조절하는 원리

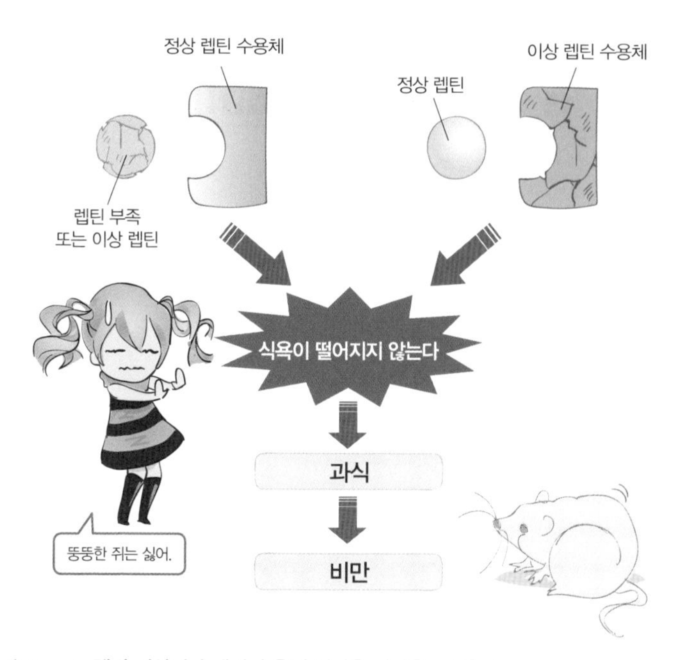

자료3-12b 렙틴 이상이나 렙틴 수용체 이상은 비만을 초래한다

그렇다면 비만 생쥐는 렙틴 수용체의 어디에 이상이 있는 걸까? 밀레니엄제약 연구팀은 정상 생쥐와 비만 생쥐가 가진 렙틴 수용체 유전자(당뇨병 유전자)의 염기서열을 비교했다.

정상 생쥐는 수용체가 세포 밖과 안에 걸쳐 있다(자료3-13a). 세포 밖의 부분이 혈액에 실려 온 렙틴을 포획하고, 렙틴이 보내는 신호가 세포 안으로 전달되면 식욕이 저하되기 시작한다.

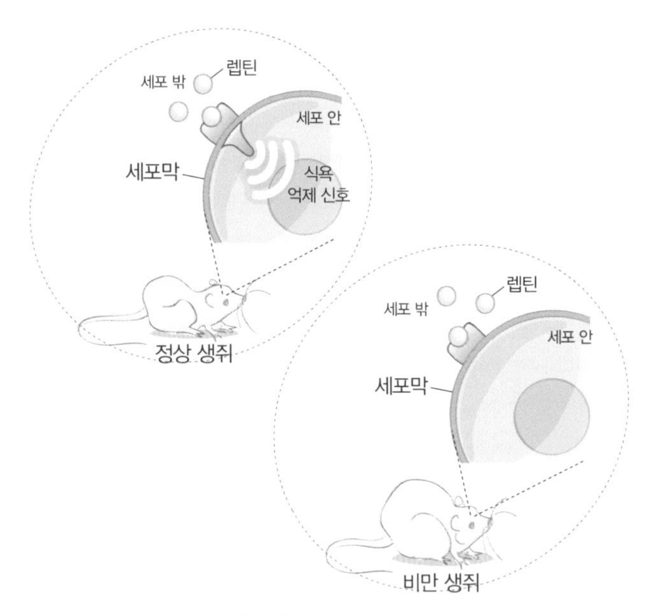

자료3-13a 이상 수용체에는 '꼬리'가 없다

이어서 비만 생쥐의 렙틴 수용체를 관찰하자 놀라운 사실이 밝혀졌다. 세포 밖에서 볼 때는 멀쩡해 보였는데 사실 세포 안으로 이어진 부분이 거의 없었던 것이다. 그러면 세포 밖에서 렙틴을 포획하더라도 그 신호가 세포 안으로 전혀 전달되지 않는다. 즉 식욕 억제 신호가 발생하지 않아 식욕에 브레이크가 걸리지 않는다. 결과적으로 과식이 계속되어 비만 생쥐가 된다.

더 자세히 보니 정상 생쥐는 세포 내부 수용체에 302개의 아미노산이 있는 반면, 비만 생쥐는 그 부분이 거의 잘려 34개의 아미노산만 남아 있었다. 원래 302개가 있어야 할 자리에 실제로는 34개밖에 없었던 것이다. 이토록 단백질이 짧아졌다면 수용체 유전자에 번역을 막는 변이가 발생한 게 아닐지 의심해야 한다.

그러므로 수용체 유전자를 살펴보자(172쪽 자료3-13b). 정상 생쥐의 수용체 유전자에서는 서로 다른 스플라이싱(불필요한 인트론을 자르는 과정. -옮긴이)을 거쳐 길고 짧은 전령 RNA가 2개 만들어진다. 그중 긴 전령 RNA에서 정상 수용체가 합성된다.

그런데 비만 생쥐의 수용체 유전자에서 G가 T로 치환되는 변이가 한 군데 발견되었다. 그 바람에 느닷없이 종결 코돈이 나타나 긴 전령 RNA는 생기지 않고 정상 수용체를 합성할 수 없는 짧은 전령 RNA만 생겼다. 수용체 유전자 안에서 고작 한 군데 변이가 발생했을 뿐인데 운명이 바뀌어 정상 생쥐는 비만 생쥐가 되었다.

그런데 짧은 전령 RNA에서 생기는 짧은 수용체는 어떤 역할을 할까? 정상 수용체 유전자에서도 생기므로 뭔가 중요한 역할을 할 것이다. 실은 짧은 수용체는 뇌척수액 옆에서 많이 발견되었다.

혈중 렙틴은 뇌에 들어가야 비로소 효과를 나타낸다. 이때 혈액뇌장벽(혈액과 뇌 조직 사이에 존재하는, 내피세포로 이루어진 관문. 다른 장기의 내피세포와는 달리 세포들 사이가 매우 치밀하므로 약물이 잘 투과되지 않는다. -옮긴이)이라는 뇌의 장벽을 간과하면 안 된다. 그 점으로 추측해 보건대 짧은 수용체는 혈중 렙틴에 붙어 혈액뇌장벽을 통과시키는 역할을 하는 것으로 추측된다. 마치 여객선처럼 말이다.

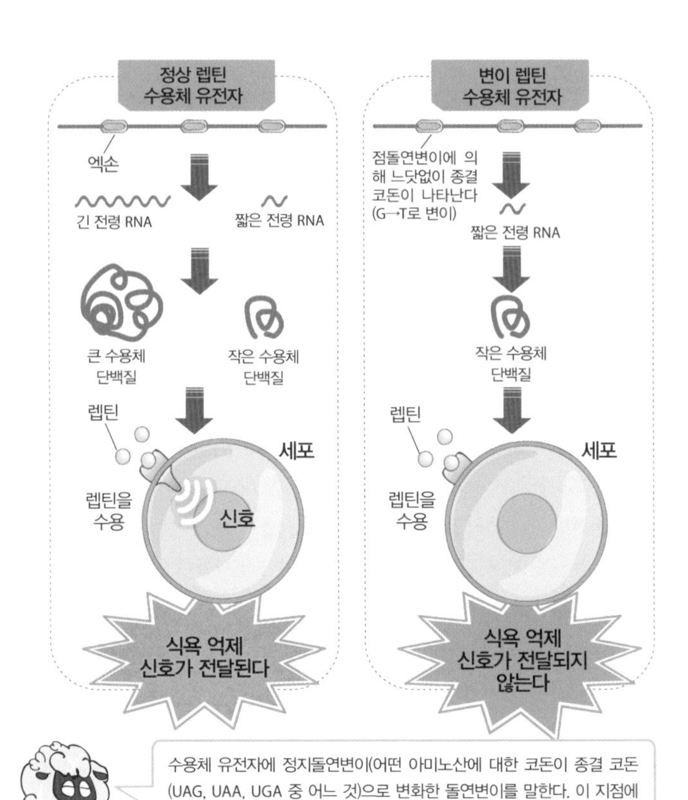

수용체 유전자에 정지돌연변이(어떤 아미노산에 대한 코돈이 종결 코돈(UAG, UAA, UGA 중 어느 것)으로 변화한 돌연변이를 말한다. 이 지점에서 번역이 멈추기에 단백질의 길이가 짧아진다. –옮긴이)가 발생하면 짧은 전령 RNA만 생기기 때문에 꼬리가 없는 수용체가 생겨. 그래서 렙틴을 수용해도 신호가 세포 안으로 전달되지 않는 거야.

자료3–13b **변이 수용체와 정상 수용체는 유전자가 다르다**

3 14 유전자로 질병을 파악한다

유전성 질환은 유전자 변이 때문에 발생한다. 암, 비만, 당뇨병, 고혈압 같은 생활습관병도 유전자 변이와 관련이 있다. 유전자 변이의 유무를 파악하는 것을 유전자 진단이라고 하며 주로 두 가지 방법이 이용된다. (1) 제한효소에 의한 유전자 절단 패턴으로 파악하는 방법, (2) DNA 올리고머로 파악하는 방법이다.

우선 제한효소에 의한 방법부터 설명하겠다(174쪽 자료3-14a). 어떤 유전자에 변이가 발생하면 새로 절단점이 생기기도 하고 있던 절단점이 사라지기도 한다. 어떤 경우든 제한효소로 절단한 DNA를 전기영동으로 확인해 보면, 정상 DNA와 이상 DNA는 젤에 나타내는 패턴이 다르다. 이 패턴으로 변이의 유무를 파악한다.

가령 정상인이 가진 정상 유전자에 GTAC라는 서열이 두 곳 있다고 치자. 그 유전자에 GTAC 서열을 절단하는 RsaI이라는 제한효소를 첨가하면 긴 단편 (A)가 생긴다.

그런데 환자의 유전자에서는 GTAC와 GTAC 사이의 GAAC라는 서열에서 A 하나가 T로 바뀌어 GTAC가 됐다. 이 GTAC도 RsaI에 의해 절단되고 만다.

그로써 정상인에게는 두 곳뿐인 절단점이 환자에게는 세 곳이 되었다. 결국 긴 단편 (A)는 사라지고 짧은 단편 (B)와 그보다 다소 긴 단편 (c)가 새로 생겼다.

이것을 전기영동으로 확인하면, 짧은 DNA 단편일수록 젤 속을 빠르게 이동하므로 자료와 같은 패턴을 얻을 수 있다. 이런 식으로 변이 유무를 파악하는 것을 RFLP(제한효소 절편길이 다형성: Restriction Fragment Length Polymorphism의 약어)라고 한다.

RFLP는 조작이 간편해서 겸상적혈구빈혈, 뒤시엔느형 근육퇴행위축, 헌팅턴병 등 많은 유전자 질환을 진단하는 데 자주 이용된다. 그뿐 아니라 에이즈, 클라미디아, B형간염바이러스, C형간염바이러스 같은 감염증의 유무도 판별할 수 있다.

이렇게 편리한 RFLP에도 물론 약점은 있다. 그것은 변이를 절단할 제한효소가 발견되어야 유효한 수단이라는 점이다. 그럼 변이는 발생했는데 그것을 절단할 효소가 없는 경우에는 어떻게 하면 될까?

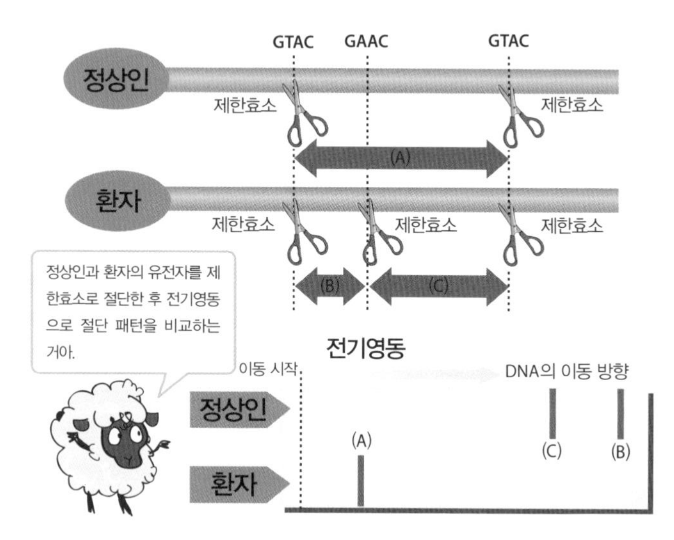

자료3-14a **제한효소와 전기영동을 이용한 유전자 진단**

3-15 올리고뉴클레오타이드를 이용한 유전자 진단

변이점과 그 주변의 염기서열을 정확히 알면 올리고뉴클레오타이드(DNA의 염기 수가 10~20개인 것)를 이용해서 유전자를 진단할 수 있다. 겸상적혈구빈혈을 예로 들어 이 방법을 소개하겠다.

겸상적혈구빈혈은 헤모글로빈의 β 글로빈을 합성하는 유전자의 점돌연변이(DNA에 있는 어떤 염기가 다른 염기로 치환된 돌연변이를 말한다. - 옮긴이)로 인해 발생하는 유전성 질환이다. 정상 유전자에서 β 사슬의 여섯 번째 코돈은 GAG이므로 글루탐산이 지정된다. 그런데 정중앙의 A가 T로 치환되면 코돈이 GAG에서 GTG로 변한다. 이 변이 때문에 정상 유전자에서는 글루탐산을 지정하던 코돈이 이상 유전자에서는 발린을 지정한다. 결과적으로 이상 유전자에서 만들어진 적혈구는 원반 모양이 아닌 낫 모양이 되고, 파괴되기 쉽다.

이제 올리고뉴클레오타이드를 이용한 유전자 진단의 순서와 방법을 알아보자(176쪽 자료3-15a).

(1) 변이를 확인하고자 하는 서열을 파악한다. 헤모글로빈 유전자의 서열은 정확히 알려져 있다.

(2) 코돈 5, 6, 7에 대해 상보적인 서열을 가진 올리고뉴클레오타이드(GGACTCCTC)를 만들고 방사성 인(^{32}P)을 붙여 라벨링한다. 이 라벨링된 올리고뉴클레오타이드가 변이를 찾는 데 이용되며, 이를 프로브(probe)라고 부른다.

(3) 정상인의 정상 유전자로 전기영동을 시행하면 DNA의 길이에 맞는 속도로 젤 위를 이동한다. 그 후 젤을 알칼리 용액에 담그면 염기쌍이 파괴되어 외가닥 DNA로 분리된다. 그렇게 얻은 외가닥 DNA를 니트로셀룰로스(쉽게 말하자면, 종이)에 옮긴다.

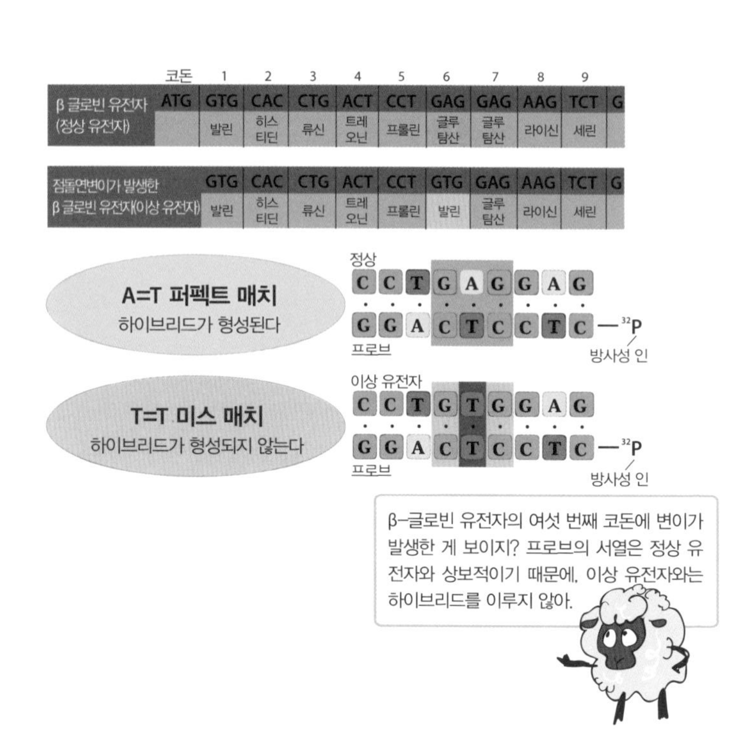

자료3-15a **올리고뉴클레오타이드를 이용한 유전자 진단 ①**

(4) 외가닥 DNA가 있는 니트로셀룰로스에 프로브를 더하면 A와 T, G와 C 사이에 염기쌍이 형성되고 프로브와 외가닥 DNA가 하이브리드(잡종)를 이루어 겹가닥이 된다. 이것을 하이브리디제이션(잡종형성)이라고 한다. 참고로 이 하이브리드에는 방사성 인(^{32}P) 때문에 방사성이 있다.

(5) 하이브리드가 가진 방사성을 탐지하기 위해 니트로셀룰로스와 X선 필름을 하나로 포갠다. 그러면 필름은 방사성 인(^{32}P)의 방사성에 의해 감광된다. 이 방식을 오토라디오그래피라고 한다. 즉, 오토라디오그래피에서 감광이 일어나면 프로브가 외가닥 DNA와 하이브리드를 형성했음을 알 수 있다.

그렇다면 이상 유전자는 어떨까? 이상 유전자로 전기영동을 시행한 뒤 알칼리 용액에 담가 DNA를 외가닥으로 만든다. 그리고 니트로셀룰로스에 옮기고 프로브를 더해 오토라디오그래피로 탐지한다. 여기까지는 정상 유전자 때와 같다. 하지만 결과는 전혀 다르다.

과정 (4)에서 프로브를 니트로셀룰로스에 섞으면 하이브리드가 되어야 정상 유전자다. 그런데 홀로 염기쌍을 이루지 않는 T와 T의 '미스 매치'에 주목하자. 이 때문에 프로브는 이상 유전자와 하이브리드를 이룰 수 없다. 그러면 방사성을 가진 프로브는 씻겨 나가고(원래 과정 (4)에서 니트로셀룰로스를 프로브에 더한 후, 세척하는 과정을 거친다. 이때 하이브리드를 이룬 프로브는 니트로셀룰로스에 붙어 있고, 유전자와 하이브리드를 이루지 않은 프로브는 그대로 씻겨 나간다. -옮긴이) 오토라디오그래피 시 니트로셀룰로스에 얹은 X선 필름은 감광되지 않는다. 그리하여 β 글로빈의 여섯 번째 코돈에서 발생한 점돌연변이가 발견된다.

이상 유전자에서 A → T 변이가 일어났음을 확인하려면 한 가지 실험이 더 필요하다. 그 실험이란 이상 유전자와 상보적인 염기서열을 가진 제2의 프로브를 이용해 위의 과정을 되풀이하는 것이다(자료3-15b).

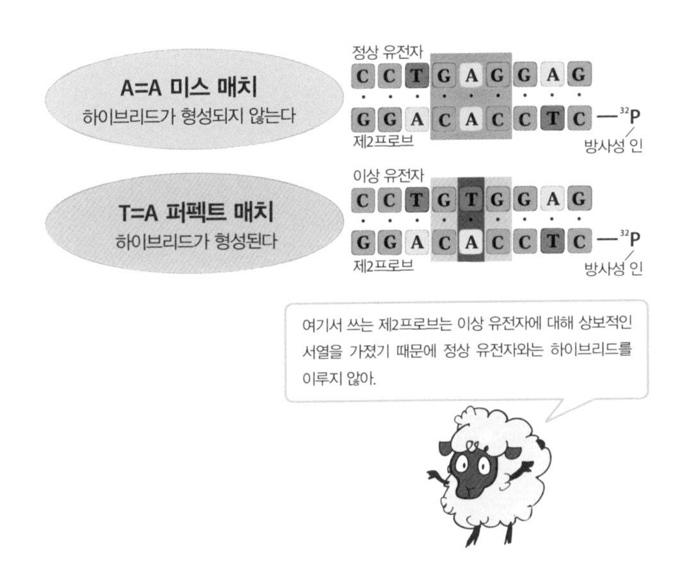

자료3-15b 올리고뉴클레오타이드를 이용한 유전자 진단 ②

제2의 프로브를 이용한 실험에서는 제2의 프로브가 (환자의) 이상 유전자와 하이브리드를 이루고 (정상인의) 정상 유전자와는 하이브리드를 이루지 않는다.

이 방법을 이용해 겸상적혈구빈혈뿐만 아니라 페닐케톤뇨증, 혈우병 등 수많은 유전성 질환을 진단한다.

3-16 이것이 DNA 분석기술이다

우리 인간은 서로 DNA가 매우 비슷하지만 일란성 쌍둥이가 아닌 이상 완전히 똑같지는 않다. 그래서 제한효소로 DNA를 절단하면 사람마다 특정한 DNA 단편이 생기고, 그 단편으로 전기영동을 시행하면 독특한 패턴이 관찰된다. 이 패턴을 DNA 지문이라고 한다. 그것으로 자신의 DNA를 타인의 DNA와 명확히 구별할 수 있다.

동급생 겐이치와 유지의 DNA를 예로 들어 DNA 지문분석의 원리를 설명하겠다(자료3-16).

겐이치의 DNA에 A 제한효소를 더하자 (1), (2), (3)의 지점에서 절단이 일어나 3개의 DNA 단편 (A), (B), (C)가 생겼다. 하지만 유지의 DNA는 절단 지점 (2)가 겐이치의 DNA와 다르다.

따라서 겐이치의 DNA를 처리한 것과 같은 효소로 유지의 DNA를 처리하면 2개의 DNA 단편 (A), (B)+(C)가 생긴다. 이어서 둘의 DNA 샘플로 전기영동을 시행하자 180쪽 자료3-16의 b와 같은 패턴이 나왔다.

겐이치와 유지의 DNA뿐만 아니라 모든 사람의 DNA는 서로 미묘하게 다르다. DNA 지문분석은 개인을 특정 짓는 도구 중 하나로서 범죄 수사 등에서도 손가락 지문과 함께 자주 이용된다.

가령 강간이나 살인 사건의 범행 현장에 범인의 것으로 추정되는 혈액(또는 정액)이 한 방울이라도 남아 있었다고 치자. 혈액 한 방울에 포함된 DNA는 너무 적어서 분석할 수 없을 것 같지만, 그렇지 않다.

PCR을 이용하면 고작 한 개뿐인 겹가닥 DNA를 단시간 안에 엄청나게 늘릴 수 있었음을 상기하자. PCR로 DNA의 수를 늘린 후 DNA 지문분석으로 분석하면 혈액(또는 정액)이 피의자의 것인지 아닌지 확인할 수 있다. 그것이 피의자의 것이 맞으면 유죄를 뒷받침할 유력한 증거가 될 테고, 아

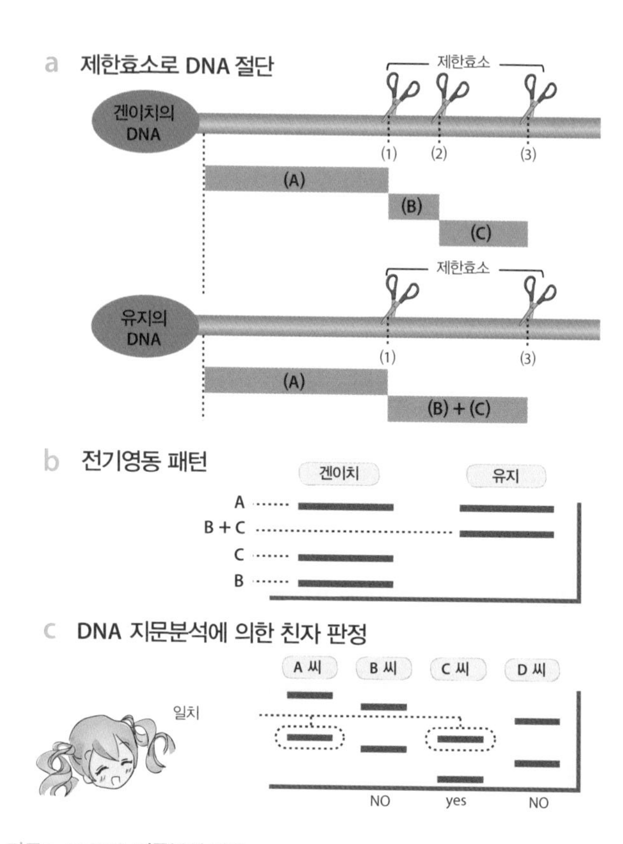

자료3-16 **DNA 지문분석 방법**

니면 피의자는 무죄인 셈이다.

DNA 지문분석은 부자 관계를 증명하는 데도 쓰인다. 예컨대 A 씨가 아기였을 때 어떤 사정이 있어 아버지와 떨어졌다고 가정하자. 어느덧 성장한 A 씨는 자신의 재능을 발견해서 벤처기업을 세웠고 크게 성공하여 수백 명의 직원을 두기에 이르렀다. 그런 A 씨가 아버지를 찾아 나서자 3명의 후보가 나타났다. 대체 누가 A 씨의 아버지일까?

DNA 지문분석이 위력을 발휘했음은 두말할 필요가 없다. A 씨의 DNA

는 어머니와 아버지에게서 절반씩 물려받은 것이다. 따라서 A 씨의 친아버지라면 DNA 절반이 A 씨와 같아야 한다.

당장 세 후보의 혈액에서 DNA를 분리해 DNA 지문분석으로 확인했다. 결과는 180쪽 자료3-16의 c에 나타난 대로다. C 씨가 A 씨의 친아버지임이 밝혀져 부자는 무사히 재회에 성공했다.

질병의 원인이 되는, 또는 질병을 발생시키는 유전자가 몇 번째 염색체의 어느 위치에 있는지 알고 그 염기서열도 명확히 안다면 어느 사람이 어떤 질병에 걸리기 쉬운지 확실히 진단할 수 있다.

이를테면 반드시 암을 유발하는 것은 아니지만 유발하기 쉬운 유전자로 BRCA1 (BReast CAncer) 유전자의 이상이 있다. 유방암 환자의 87퍼센트, 난소암 환자의 50퍼센트가 이 유전자에 이상이 있을 정도다(BRCA 유전자에는 BRCA1과 BRCA2가 있다. 둘은 완전히 다른 유전자지만 둘 다 종양억제유전자로서 여기에 변이가 일어나면 유방암과 난소암의 발병률이 높아진다. -옮긴이).

미국의 인기 여배우 안젤리나 졸리는 유전자 검사 결과 BRCA1의 이상이 발견되어 유방절제술을 받았다. 아직 발병하지도 않았는데 수술을 받아 전 세계가 놀랐다.

이렇게 극단적으로 대처하지 않더라도 유전자 진단에서 BRCA1의 이상을 발견한 여성이라면 운동량을 늘리거나, 칼로리 높은 지방 위주의 식단에서 저지방식으로 식단을 바꾸거나, 폐경 후에도 에스트로겐 복용을 피하면 암에 걸릴 위험을 대폭 낮출 수 있다.

이처럼 유전자 진단 결과에 따라 발병 전에 생활습관이나 식습관을 바로잡으면 발병을 대폭 늦출 수 있을뿐더러 경우에 따라서는 아예 막을 수도 있다. 이것이 유전자 진단의 메리트다(자료3-17a).

그런데 유전자 진단의 메리트를 그다지 기대할 수 없는 유형의 질병도 있다. 바로 우성유전(해당 유전자를 가지고 있을 경우 무조건 발현되는 유전형질. -옮긴이)되는 고지혈증, 고콜레스테롤혈증, 헌팅턴병 등이다. 가령 어떤 사람이 헌팅턴병을 유발하는 유전자를 가졌다면 그 사실을 피 한 방울로 확실히 진단할 수 있다. 하지만 발병을 막을 수는 없다. 그렇다면 진단하는 행위에 무슨 의미가 있을까? 그래도 미국에서는 무려 5만 명이 유전자 진단을 통해 자신에게 그 유전자가 있으며 언젠가 병으로 쓰러질 것을 알면서도 그냥 살고 있다. 여기에 새로운 의료 문제가 있다.

옛날 의료에서는 올바른 진단이 치료로 이어졌다. 예컨대 박테리아에 의한 감염증에 걸린 사실을 알았다면 어떤 박테리아인지 파악하고 그것을 무찌를 항생물질을 복용해서 비교적 간단히 치료할 수 있었다. 즉, 옛날의 의료 진단은 곧장 치료로 이어졌다.

하지만 앞으로는 어떨까. 유전자를 검사하면 발병하기도 전에 질병을 알 수 있지만 치료는 할 수 없는 상황이 앞으로도 계속 이어질 것이다. 이 점이 옛날과 앞으로의 의료를 가르는 큰 차이다(184쪽 자료3-17b).

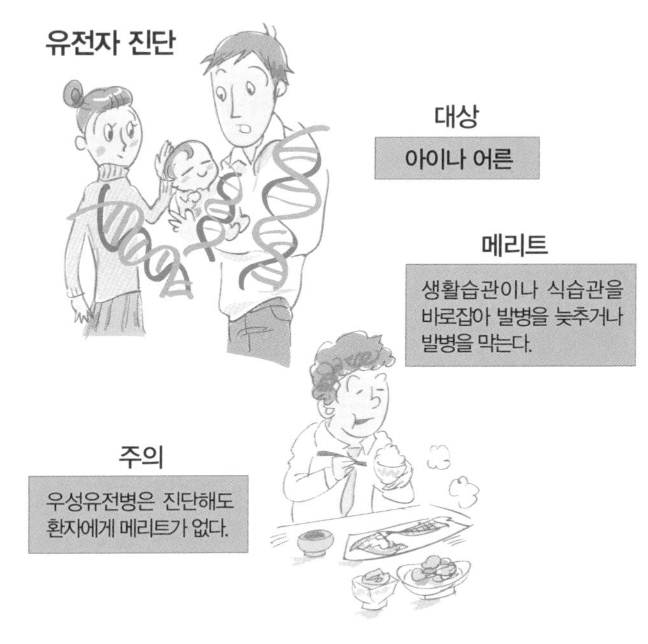
유전자 진단
대상
아이나 어른
메리트
생활습관이나 식습관을 바로잡아 발병을 늦추거나 발병을 막는다.
주의
우성유전병은 진단해도 환자에게 메리트가 없다.

자료3-17a 유전자 진단의 의미

유전성 질환은 유전자의 이상 때문에 발생하는 병이니, 진단으로 발견한 이상 유전자를 정상 유전자로 바꾸면 될 일이라고 생각할지도 모른다. 맞는 말이다. 하지만 기술이 없다.

'아니, 유전공학은 빛의 속도로 발전하고 있으니 앞으로 유전자 치료 기술을 발전시키면 되는 거 아닌가?'라고 생각할 수도 있다. 하지만 2~3년 안에는 절대 무리다. 앞으로 10년에서 20년은 있어야 겨우 만족스러운 수준에 도달할지도 모른다. 그러므로 근본적인 치료는 불가능하면서 발병만 예측할 수 있는 상태가 한동안 이어질 것이다.

즉 진단으로 메리트를 누릴 만한 유형의 질병이라면 유전자 진단을 시행하면 된다. 반면 메리트를 누릴 수 없는 질병이라면 유전자 진단을 시행하는 의미가 없다.

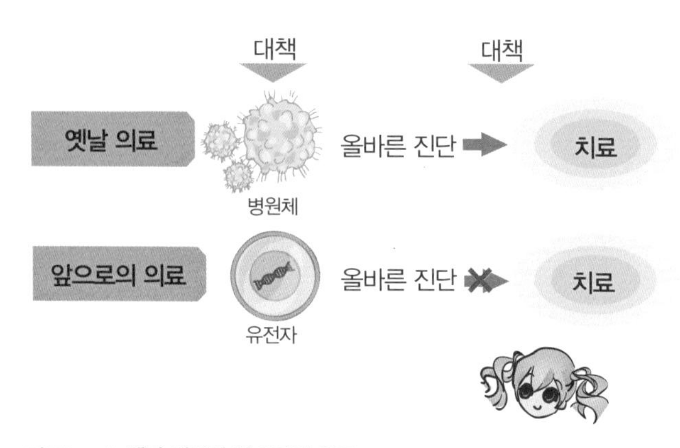

자료3-17b 옛날 의료와 앞으로의 의료

3-18 출생 전 진단이란 무엇인가

앞에서는 어른이나 아이를 대상으로 유전자 진단을 시행하는 케이스를 살펴봤는데 이것을 출생 후 진단이라고 한다. 그런데 유전자 진단은 출생 전 태아에게 이상이 있는지 확인할 때도 이루어진다. 이것은 출생 전 진단이다(186쪽 자료3-18a).

염색체에 큰 이상이 있으면 자연히 유산되게 마련이다. 그럼에도 불구하고 신생아의 몇 퍼센트는 선천적인 이상을 갖고 태어난다.

출생 전 진단을 하면 심각한 유전성 질환을 안고 태어나는 아기의 수를 줄일 수 있다. 그 방법으로 임산부의 혈중 알파태아단백질(α-페토프로테인)농도를 측정하는 검사나 초음파 진단(소노그라피)이 이미 실용화됐다. 물론 유전자 진단도 포함된다.

알파태아단백질을 측정하면 뇌의 발달 이상에 따른 무뇌증이나 뇌수종을 진단할 수 있다. 한편 초음파 진단으로 태아가 쌍둥이인지 아닌지, 자궁 안에서 어떤 방향으로 있으며 몇 주 정도 됐는지, 뇌는 정상적으로 발달하고 있는지, 남자인지 여자인지 등을 확인할 수 있다.

체외수정 시에는 채취한 난자에 미리 선별한 정자를 주입해 수정시킨 뒤 수정란을 배양한다. 그리고 약 이틀 후 분할된 수정란을 다시 자궁에 넣어 착상시키는데 그 전에 세포의 일부를 떼어 유전자를 진단할 수도 있다. 그러면 유전적으로 뚜렷한 이상이 없는 수정란만 착상시킬 수 있다. 이것을 착상 전 검사라고 한다.

그뿐만이 아니라 임신 초기에 태아의 유전자를 진단할 수도 있다. 물론 모든 아기를 검사하는 건 아니다. 검사 대상은 고위험 부모에게서 태어날 아기로 한정된다.

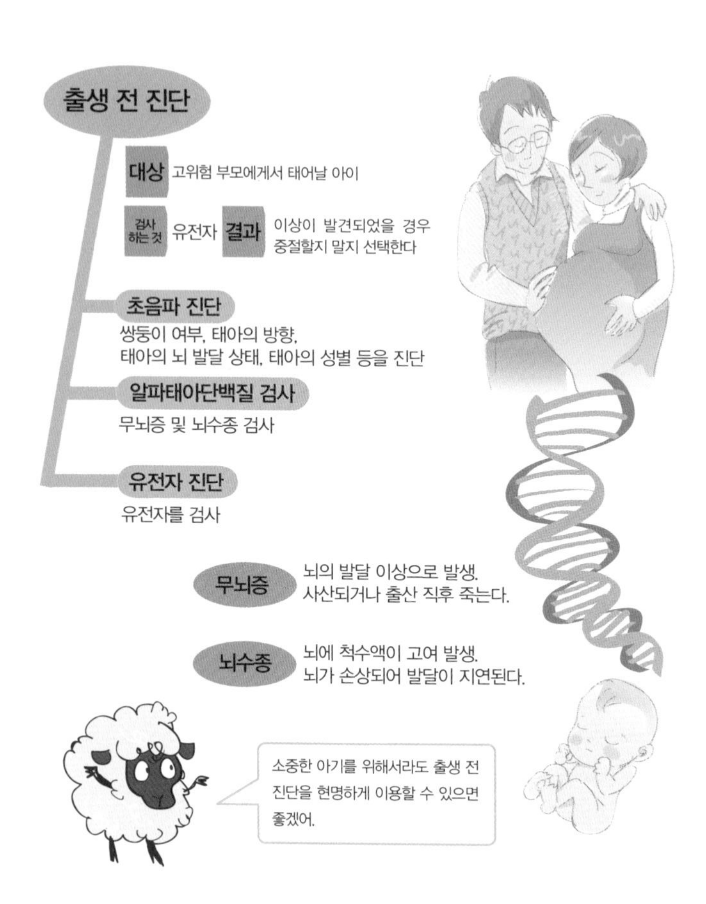

출생 전 진단
대상 고위험 부모에게서 태어날 아이
검사 하는 것 유전자 결과 이상이 발견되었을 경우 중절할지 말지 선택한다
초음파 진단
쌍둥이 여부, 태아의 방향,
태아의 뇌 발달 상태, 태아의 성별 등을 진단
알파태아단백질 검사
무뇌증 및 뇌수종 검사
유전자 진단
유전자를 검사
무뇌증 뇌의 발달 이상으로 발생.
사산되거나 출산 직후 죽는다.
뇌수종 뇌에 척수액이 고여 발생.
뇌가 손상되어 발달이 지연된다.
소중한 아기를 위해서라도 출생 전 진단을 현명하게 이용할 수 있으면 좋겠어.

자료3-18a **이미 시행되고 있는 출생 전 진단**

그런데 고위험 부모란 어떤 사람일까? 다음 항목을 참고하길 바란다.

1. 아이를 가진 산모의 연령이 35세 이상일 경우. 염색체 이상에 따른 다운증후군의 발생률은 산모의 연령이 증가할수록 높아진다.

2. 산모의 X 염색체에 이상이 있음을 이미 아는 경우. 산모는 이상 유전자의 보유자임에도 2개의 X 염색체 중 하나에만 이상이 있어 발병하지 않

았다(이상 유전자가 열성일 경우에 그러하다. -옮긴이). 그러나 남자는 X 염색체가 하나이므로 태어나는 아이가 남자라면 유전자 질환이 발병한다.

3. 부모 중 한쪽 또는 양쪽이 우성유전되는 유전자 질환을 앓는 경우. 그들에게서 태어나는 아이가 보통 중년이 되면 유전자 질환이 발병한다.

4. 부모의 자식 중 누군가가 염색체나 유전자에 이상이 있는 경우. 또는 친척 중 누군가가 그런 이상이 있는 경우.

이상의 항목에 해당하는 부모라면 유전자 상담을 받고 태아의 유전자를 검사하는 것이 좋다. 하지만 유전자 상담이 미비한 것이 현실이다. 그러므로 자녀 계획이 있다면 상담에만 의존하지 말고 스스로 유전에 관한 정보를 모으는 게 좋다.

물론 출생 전 진단 결과 이상이 발견됐을 경우 아이를 낳을지 아니면 중절할지는 부모가 결정할 일이다. 왜냐하면 장애가 있는 아이를 낳을 사람도 키울 사람도 부모이기 때문이다.

어쨌거나 부모는 태아의 유전자에 관해 전보다 더 많은 정보를 얻을 수 있다. 현명하게 이용하면 더 나은 인생을 사는 데 분명 도움이 될 것이다.

인간 게놈 프로젝트란 인간이 가진 모든 유전자를 해석하기 위해 시작된 대형 연구 프로젝트다. 이 계획은 1990년 10월 NIH(미국 국립보건원)와 DOE(에너지부)의 협력 하에 30억 달러의 예산을 획득하여 정식으로 출범했다.

그로부터 딱 10년 후인 2000년 6월 26일, 미국 클린턴 대통령이 백악관에서 영국 블레어 총리와 함께 통신위성을 통해 인간 유전체의 초안(전체의 86.8퍼센트)이 완성되었음을 전 세계에 선언했다. 그로 인해 온 세상이 놀라 한바탕 소란이 벌어졌다.

이 공동 선언(클린턴 선언이라고도 한다)에서 그들이 말한 것처럼 정말 인간 게놈 프로젝트는 완료되었을까? 프로젝트의 목표가 무엇이었으며 어느 정도 달성되었는지 확인하면 알 수 있다.

인간 게놈 프로젝트의 목표는 세 가지로 유전자 지도 작성(매핑), 해독(시퀀싱), 유전자 동정 파악이다.

목표 1: 유전자 지도 작성(매핑)은 유전자가 23쌍의 염색체 중 어느 염색체의 어느 위치에 있는지 해석하는 일이다. 집 주소를 요코하마시 나카구 ○초 △번지라고 지정하듯 모든 유전자에 주소를 부여한다.

목표 2: 해독(시퀀싱)은 유전자의 염기서열(시퀀스)을 파악하는 일이다. 이 작업은 시간이 걸릴 것으로 예상되었으나 의외로 단시간에 마무리됐다. 하루에 약 30만 개의 염기를 자동으로 처리하는 DNA 해독 장치(로봇)가 개발된 덕분이다.

목표 3: 유전자의 동정을 파악한다는 것은 해독한 염기서열 중 어디부터 어디까지의 유전자가 인체에서 어떤 역할을 하는지 밝히는 일을 말한다.

클린턴 선언은 무엇을 의미하는가?

1990년, 총예산 30억 달러를 가지고 정식 출범한 인간 게놈 프로젝트는 프랜시스 콜린스 원장의 지도하에 15년간 세 가지 목표를 달성하고자 착실하게 발걸음을 옮겼다.

그런데 1998년 셀레라 제노믹스 사(셀레라 사)의 소장이자 생물학자인 크레이그 벤터가 최신 DNA 해독 장치 230대를 입수하고 인간 게놈 프로젝트에 도전장을 내밀었다. 그는 기존 프로젝트의 10분의 1 예산인 3억 달러로 5분의 1 기간인 3년간 연구하여 2001년까지 해독을 마치겠다고 장담했다.

팽팽하게 맞선 콜린스와 벤터는 해독 경쟁에서 앞서거니 뒤서거니 하며 접전을 벌였고 해독 속도는 비약적으로 빨라졌다. 이는 예상했던 2010년보다 10년이나 빠른 2000년에 해독이 완료된 것에서 가장 잘 드러난다.

경쟁에 의한 자극 덕분에 두드러지게 빨리 성과를 거두었으나 콜린스와 벤터가 계속 대립하는 것은 향후 게놈 연구의 발전에 바람직한 결과를 낳지 않을 터였다. 정치가 클린턴이 나설 차례였다.

추이를 살피던 클린턴 대통령은 적당한 때 시퀀싱 종료를 선언하고 인간 게놈 해석에 대한 둘의 큰 공적을 기림으로써 싸움을 중재했다. 연구에 매진하여 엄청난 속도로 굉장한 성과를 거둔 두 연구진도 대단하지만 클린턴 대통령의 정치적 수완도 훌륭하다.

그로부터 3년 뒤인 2003년, 13년 동안 약 38억 달러의 세금이 투입된 인간 게놈 계획이 완전히 종료됐다. 이 프로젝트로 밝혀진 인간 유전자의 총 개수는 2만 2,000개로 많은 과학자의 예상을 크게 밑도는 숫자였다. 각 유전자의 역할에 대해서는 지금도 연구가 이루어지고 있다.

DNA 해독은 비용이 많이 들어 의료 분야에는 먼 미래에나 적용될 듯했으나 실제로는 빠른 속도로 보급되었다. DNA 해독 장치가 위협적인 속도로 발전했기 때문이다.

인간 게놈 프로젝트가 마무리되고 4년 후인 2007년에는 DNA 이중나선

구조를 발견한 제임스 왓슨이 개인적으로 유전체 해독에 착수했다. 투입된 시간은 두 달, 비용은 약 150만 달러. 2013년에는 1만 달러로 줄었다. 유전체 해독 장치는 반도체 집적도가 2년마다 두 배 증가한다는 '무어의 법칙'을 능가하는 속도로 발전하고 있다.

캘리포니아주의 바이오기업인 라이프테크놀로지스는 획기적인 해독 장치인 '이온 프로톤 시퀀서'를 개발했다. 라이프테크놀로지스에 따르면 인간 유전체를 1시간 반 만에 1,000달러 이하의 비용으로 해독할 수 있다고 한다.

유전체 정보를 의료에 응용하다

미국은 의료에서 유전체 정보를 응용하는 것(이것을 게놈의료라고 한다)을 향후 과제로 진지하게 검토 중이다. 개인의 유전자를 분석해 부작용의 유무를 미리 예측해서 약을 처방하겠다는 것이다. 그로써 약의 부작용이 최대한 줄어들 것으로 전망된다.

시카고대학에서는 2010년 개별화 의료센터를 설립하고 환자 1,200명의 게놈을 미리 파악한 뒤 약을 처방하기 시작했다.

일본에서도 게놈의료를 준비 중이다. 바이오뱅크 재팬은 2003년부터 문부과학성의 위탁을 받아 환자 20만 명의 DNA 및 치료 정보를 일원화해서 관리하고 있다. 그 내역은 암, 당뇨병, 뇌전증, 치매, 우울증 등 47종이다.

도쿄대 의과학연구소는 환자의 DNA 정보에서 질병과 관련된 유전자를 260가지 이상 발견했다. 그 성과를 바탕으로 일본 이화학연구소는 전국 의료기관과 제휴하여 뇌전증 약으로 인한 발진을 방지하고 약의 최적량을 찾기 위한 임상시험에 들어갔다.

3 20 재생의료의 열쇠, iPS세포

약물이나 외과 수술로 질병을 치료했던 기존 의료와 달리, 병에 걸린 장기나 조직을 아예 새것으로 교체하는 것이 재생의료다. 이를테면 간이나 신장 같은 장기가 바이러스에 감염되거나 자가면역질환으로 기능을 잃으면 현재로써는 다른 사람에게 이식을 받는 수밖에 없다. 그러나 이식 가능한 장기의 수는 한정되어 있다. 그런 이유로 간, 신장, 심장 등의 장기나 각막 등을 체외에서 새로 만들어 이식함으로써 병을 치료하는 방법이 연구되고 있다.

재생의료에서 열쇠를 쥔 것은 줄기세포 치료다. 줄기세포는 복제가 진행됨에 따라 다른 종류의 세포로 변화한다. 그것을 환자에게 이식하면 이식된 조직에 적합한 세포가 된다. 따라서 췌장의 β 세포가 죽어 발생하는 1형 당뇨병이나 뇌의 신경세포가 죽어 발생하는 파킨슨병 등을 치료하는 데 응용할 수 있으리라 기대된다.

줄기세포는 1998년 위스콘신대학의 제임스 톰슨이 ES세포(배아줄기세포)를 만듦으로써 돌파구가 열렸다. 하지만 문제가 있었다. ES세포를 제작하기 위해 생명 그 자체인 수정란을 파괴하는 일은 윤리에 어긋나며, ES세포는 자신의 세포가 아니기에 장기를 만들어 이식해도 신체가 거부반응을 일으킨다.

이런 문제점들을 해결하는 획기적인 방법이 2006년 교토대학의 야마나카 신야에 의해 발명되었다. 생쥐의 피부 세포에 단 4개의 유전자를 집어넣어 생쥐의 모든 조직으로 변화할 수 있는 만능줄기세포를 만든 것이다.

이 새로운 유형의 줄기세포를 iPS세포(유도만능줄기세포)라고 한다. iPS세포는 환자의 피부에서도 만들 수 있다. 그러므로 환자의 면역계에 거부당하지 않고 조직에 정착할 수 있을 것이다. 일본은 iPS세포를 치료에 활용하기 위한 연구에 온 힘을 쏟고 있다.

iPS세포는 정말 치료에 도움이 될까? 2014년 9월 12일, iPS세포를 이용한 세계 최초의 재생의료가 이루어졌다. 일본 이화학연구소 발생생물학센터와 첨단의료센터병원은 iPS세포로 만든 망막세포를 난치성 눈 질환인 노인성 황반변성 환자에게 이식했다고 발표했다. 2006년 개발된 iPS세포라는 '꿈의 세포'가 탄생 8년 만에 실용화를 향한 새로운 단계에 접어들었다.

연구소의 다카하시 마사요 프로젝트 리더의 그룹이 이식용 세포를 만들고, 병원의 구리모토 야스오 안과 총괄부장의 그룹이 이식 수술을 맡았다.

노인성 황반변성은 망막 중앙부의 황반을 구성하는 세포가 손상되어 시력이 현저히 저하되는 질병으로 일본 내 환자 수는 약 70만 명이다. iPS세포를 이식 받은 환자는 효고현에 사는 70대 여성. 3년 전부터 증상을 막기 위해 18회에 걸쳐 약물 주사를 맞았으나 효과가 없어 시력이 저하되고 있었다.

다카하시 리더의 그룹은 여성의 팔에서 채취한 피부 세포에 여섯 가지 유전자를 주입해 iPS세포를 만들었다. 거기에 특수 단백질을 더함으로써 망막색소상피세포로 변화시켜 시트 모양으로 배양했다. 세포를 채취하고 시트를 만들기까지 약 10개월이 걸렸다.

수술은 구리모토 부장의 그룹이 맡았다. 환자를 전신마취한 상태에서 오른쪽 눈 표면에 구멍을 내고 손상된 망막 조직 및 이상 혈관을 제거한 뒤 그 부분에 세포 시트를 붙였다.

iPS세포를 이용한 치료는 정말 안전하고 유효할까? iPS세포로 치료할 때는 조직이 암으로 변할 우려가 있으므로 1년 동안 찬찬히 환자를 관찰할 필요가 있다(1년간 관찰한 결과 이식한 세포는 안정적으로 자리를 잡았고 종양 등의 이상도 확인되지 않았다. 질환은 재발하지 않고 저하되던 시력도 수술 후에는 유지되었다. -옮긴이).

'제1호'에 이은 치료 후보는 척수 손상, 혈소판감소증, 중증 심부전 등이다. iPS세포에 의한 치료는 앞으로의 발전이 환자 치료와 직결되는 만큼 기대되는 분야다.

우리에게 익숙한 소재도 있어서 재밌게 배울 수 있었어!
지금까지 공부하느라 애썼어. 이제 유전공학의 기초 중의 기초는 마스터했네!

참고문헌

Sasazuki, S. et al., "Body mass index and mortality from all causes and major causes in Japanese: results of a pooled analysis of 7 large–scale cohort studies." *J Epidemiol*. 21(6) 417–30. 2011.

Itakura, K. et al., 66Expression in Escherichia coli of a chemically synthesized gene for the hormone somatostatin." *Science* 198:1056–63. 1977.

Palmiter, RD. et al., 66Metallothionein–human GH fusion genes stimulate growth of mice" *Science* 18. 222 809–814. 1983.

Wilmut, I. et al., "Viable offspring derived from fetal and adult mammalian cells." *Nature* 385(6619) 810–813. 1997.

Maeda, S. et al., "Production of human alpha-interferon in silkworm using a baculovirus vector." *Nature* 315(6020) 592–4. 1985.

Tartaglia LA. et al., "Identification and expression cloning of a leptin receptor, OB–R." *Cell*. 83(7) 1263–1271. 1995.

今井裕,『クローン動物はいかに創られるのか』, 岩波科学ライブラリー, 岩波書店, 1997.

J・D・ワトソン 著, 江上不二夫・中村佳子 訳,『二重らせん』, 講談社文庫, 1986.

フランシス・S・コリンズ 著, 矢野真千子 訳,『遺伝子医療革命』, NHK出版, 2011.

저자의 주요 생명과학 도서

『心の病は食事で治す』PHP研究所, PHP新書.

『食べ物を変えれば脳が変わる』PHP研究所, PHP新書.

『脳がめざめる食事』文藝春秋, 文春文庫.

『脳は食事でよみがえる』SBクリエイティブ, サイエンス・アイ新書.

『よみがえる脳』SBクリエイティブ, サイエンス・アイ新書.

『脳と心を支配する物質』SBクリエイティブ, サイエンス・アイ新書.

『がんとDNAのひみつ』SBクリエイティブ, サイエンス・アイ新書.

『脳にいいこと, 悪いこと』SBクリエイティブ, サイエンス・アイ新書.

『子どもの頭脳を育てる食事』KADOKAWA, 角川oneテーマ21.

『砂糖をやめればうつにならない』KADOKAWA, 角川oneテーマ21.

『ボケずに健康長寿を楽しむコツ60』KADOKAWA, 角川oneテーマ21.

『ドキュメント遺伝子工学』PHP研究所, PHPサイエンス・ワールド新書.

『とことんやさしいヒト遺伝子のしくみ』SBクリエイティブ, サイエンス・アイ新書.

『初めの一歩は絵で学ぶ 生化学』じほう.

『ウイルスと感染のしくみ』SBクリエイティブ, サイエンス・アイ新書.

『日本人だけが信じる間違いだらけの健康常識』KADOKAWA, 角川oneテーマ21.

『マンガでわかる自然治癒力のしくみ』SBクリエイティブ, サイエンス・アイ新書.

『がん治療の最前線』SBクリエイティブ, サイエンス・アイ新書.

BIKKURI SURUHODO IDENSHI KOGAKU GA WAKARU HON

하루 한 권, 유전공학

초판 1쇄 발행 2023년 10월 31일
초판 2쇄 발행 2024년 05월 31일

지은이 이쿠타 사토시
옮긴이 정혜원
발행인 채종준

출판총괄 박능원
국제업무 채보라
책임편집 권새롬 · 김도영
마케팅 문선영
전자책 정담자리

브랜드 드루
주소 경기도 파주시 회동길 230 (문발동)
투고문의 ksibook13@kstudy.com

발행처 한국학술정보(주)
출판신고 2003 년 9 월 25 일 제 406-2003-000012 호
인쇄 북토리

ISBN 979-11-6983-579-4 04400
979-11-6983-178-9 (세트)

드루는 한국학술정보(주)의 지식 · 교양도서 출판 브랜드입니다.
세상의 모든 지식을 두루두루 모아 독자에게 내보인다는 뜻을 담았습니다.
지적인 호기심을 해결하고 생각에 깊이를 더할 수 있도록, 보다 가치 있는 책을 만들고자 합니다.